Forschungsberichte 

Band 99

Berichte aus dem
Institut für Werkzeugmaschinen
und Betriebswissenschaften
der Technischen Universität
München

Herausgeber:
Prof. Dr.-Ing. G. Reinhart
Prof. Dr.-Ing. J. Milberg

Springer-Verlag
Berlin Heidelberg GmbH

José Luis Moctezuma de la Barrera

Ein durchgängiges System zur computer- und roboterunterstützten Chirurgie

Miit 99 Abbildungen

Springer-Verlag Berlin Heidelberg GmbH

Dr.-Ing. José Luis Moctezuma de la Barrera
Institut für Werkzeugmaschinen und Betriebswissenschaften (iwb), München

Univ.-Prof. Dr.-Ing. G. Reinhart
o. Professor an der Technischen Universität München
Institut für Werkzeugmaschinen und Betriebswissenschaften (iwb), München

Univ.-Prof. Dr.-Ing. J. Milberg
o. Professor an der Technischen Universität München
Institut für Werkzeugmaschinen und Betriebswissenschaften (iwb), München

D91

ISBN 978-3-540-61145-5   ISBN 978-3-662-00996-3 (eBook)
DOI 10.1007/978-3-662-00996-3

Gesamtherstellung: Hieronymus Buchreproduktions GmbH, München..
SPIN: 10536922   62/3020-543210

Geleitwort der Herausgeber

Die Produktionstechnik ist für die Weiterentwicklung unserer Industriegesellschaft von zentraler Bedeutung. Denn die Leistungsfähigkeit eines Industriebetriebes hängt entscheidend von den eingesetzten Produktionsmitteln, den angewandten Produktionsverfahren und der eingeführten Produktionsorganisation ab. Erst das optimale Zusammenspiel von Mensch, Organisation und Technik erlaubt es, alle Potentiale für den Unternehmenserfolg auszuschöpfen.

Um in dem Spannungsfeld Komplexität, Kosten, Zeit und Qualität bestehen zu können, müssen Produktionsstrukturen ständig neu überdacht und weiterentwickelt werden. Dabei ist es notwendig, die Komplexität von Produkten,Produktionsabläufen und -systemen einerseits zu verringern und andererseits besser zu beherrschen.

Ziel der Forschungsarbeiten des *iwb* ist die ständige Verbesserung von Produktentwicklungs- und Planungssystemen, von Herstellverfahren und Produktionsanlagen. Betriebsorganisation, Produktions- und Arbeitsstrukturen und Systeme zur Auftragsabwicklung im Unternehmen werden unter besonderer Berücksichtigung mitarbeiterorientierter Anforderungen entwickelt. Die dabei notwendige Steigerung des Automatisierungsgrades darf jedoch nicht zu einer Verfestigung arbeitsteiliger Strukturen führen. Fragen der optimalen Einbindung des Menschen in den Produktentstehungsprozeß spielen deshalb eine sehr wichtige Rolle.

Die im Rahmen dieser Buchreihe erscheinenden Bände stammen thematisch aus den Forschungsbereichen des *iwb*. Diese reichen von der Produktentwicklung über die Planung von Produktionssystemen hin zu den Bereichen Fertigung und Montage. Steuerung und Betrieb von Produktionssystemen, Qualitätssicherung, Verfügbarkeit und Autonomie sind Querschnittsthemen hierfür. In den *iwb*-Forschungsberichten werden neue Ergebnisse und Erkenntnisse aus der praxisnahen Forschung des *iwb* veröffentlicht. Diese Buchreihe soll dazu beitragen, den Wissenstransfer zwischen dem Hochschulbereich und dem Anwender in der Praxis zu verbessern.

Joachim Milberg   *Gunther Reinhart*

Vorwort

Die vorliegende Dissertation entstand während meiner Tätigkeit als wissenschaftlicher Mitarbeiter am Institut für Werkzeugmaschinen und Betriebswissenschaften (iwb) der Technischen Universität München.

Den Herrn Prof. Dr.-Ing. J. Milberg und Prof. Dr.-Ing. G. Reinhart, den Leitern dieses Instituts, gilt mein besonderer Dank für die wohlwollende Förderung und großzügige Unterstützung meiner Arbeit.

Herrn Prof. Dr. B. Radig, dem Leiter des Lehrstuhls für Informatik der Technischen Universität München, danke ich für die Übernahme des Korreferates und die aufmerksame Durchsicht der Arbeit.

Darüberhinaus möchte ich allen Mitarbeiterinnen und Mitarbeitern des Instituts und allen Studenten, die mich bei der Erstellung meiner Arbeit unterstützt haben, recht herzlich danken.

München, im Oktober 1995 *José Luis Moctezuma de la Barrera*

Inhaltverzeichnis

0   Begriffserklärung und Formelverzeichnis

Im folgenden befindet sich eine Auswahl der allgemeinen Bezeichnungen der Anatomie, die in dieser Arbeit verwendet werden. Für eine eingehendere Studie empfiehlt es sich, [Plat91] zu lesen.

0.1   Hauptachsen

Längsachse (longitudinale vertikale Achse):   Längsachse des Körpers (s. Bild 0-1)

Querachse (transversale horizontale Achse):   Querachse des Körpers (s. Bild 0-1)

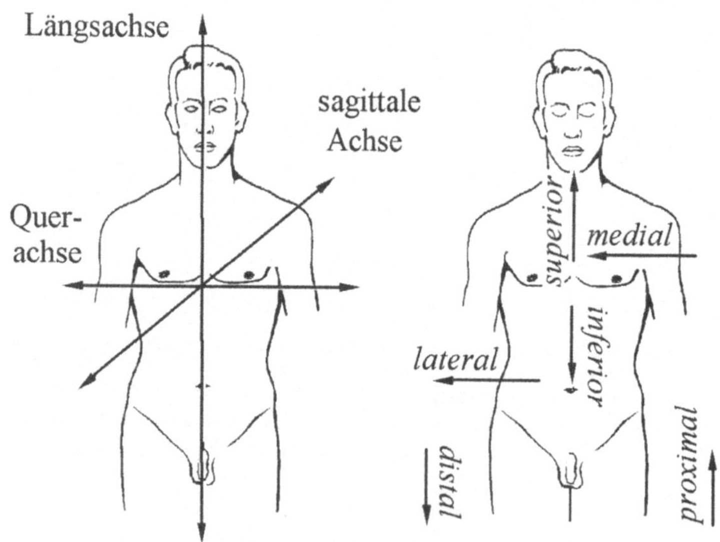

Bild 0-1: Hauptachsen und Richtungen [Plat91].

Sagittale Achse:	verläuft von der Hinter- zur Vorderfläche des Körpers und steht senkrecht zur Längs- und Querachse (s. Bild 0-1)

0.2 Hauptebenen

Frontalebene (koronale Ebene):	eine Ebene, die transversale und longitudinale Achsen enthält, parallel zur Stirn und senkrecht zur Mediansagittalebene steht (s. Bild 0-2)
Mediansagittalebene (Medianebene):	teilt den Körper in zwei annähernd gleiche Hälften.
Paramedianebene (Sagittalebene):	jede parallel zur Medianebene stehende Ebene (s. Bild 0-2)
Transversalebenen:	stehen senkrecht zur Mediansagittalebene und zu einer Frontalebene (s. Bild 0-2)

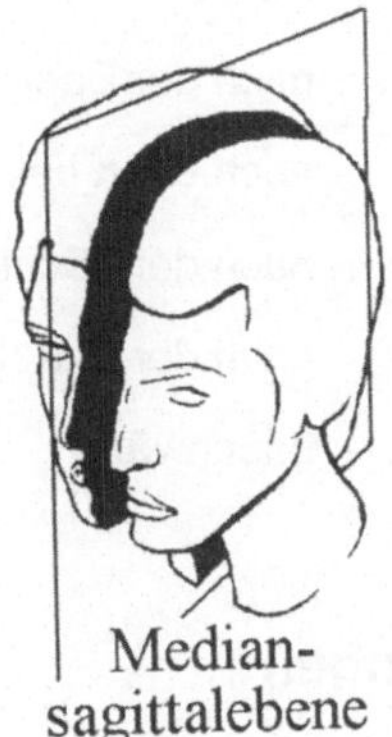
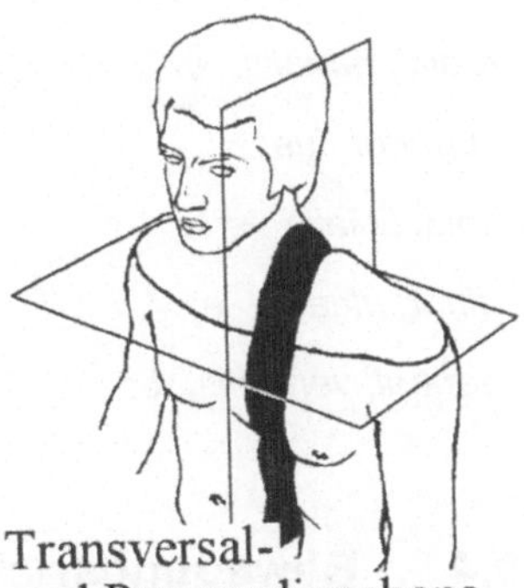

Bild 0-2: Hauptebenen des Körpers [Plat91].

0.3   Richtungen im Raum

Die wichtigsten Bezeichnungen für die Richtungen im Raum am menschlichen Körper sind im Bild 0-1 dargestellt.

anterio, ius:	nach vorne zu
distal, distalis, -e:	weiter vom Rumpf entfernt liegend
dorsal, dorsalis, -e:	rückenwärts
fibular, fibularis, -e:	nach dem Wadenbein (Fibula) hin
inferior, ius:	nach unten beim aufrechten Körper
kaudal, caudalis, -e:	steißwärts
lateral, lateralis, -e:	von der Mitte weg, von der Medianebene weg
medial, medialis, -e:	zur Mitte, auf die Medianebene zu
medius, -a, -um:	in der Mitte
plantar, plantaris, -e:	in oder nach der Fußsohle zu
posterior, ius:	nach hinten zu
proximal, proximalis, -e:	auf den Rumpfansatz der Gliedmaße zu
radial, radialis, -e:	nach der Speiche (Radius) hin
superior, ius:	nach oben bei aufrechtem Körper
tibia, tibialis, -e:	nach dem Schienbein (Tibia) hin
ulnar, ulnaris, -e:	nach der Elle (Ulna) hin
ventral, ventralis, -e:	bauchwärts

0.4   Bewegungsrichtungen

Abduktion, abductio:	vom Körper weg
Adduktion, adductio:	zum Körper hin

Extension, extensio:	Streckung
Flexion, flexio:	Beugung
Rotation, rotatio:	Drehung, Kreiselung
Supination, supinatio:	Auswärtsdrehung (des Vorderarms bzw. -fußes)
Zirkumduktion, circumductio:	Umführbewegung

0.5   Allgemeine Bezeichnungen

Die wichtigsten Knochen der oberen und unteren Extremitäten sind im Bild 0-3 dargestellt.

Capitulum humeri:	Humerusköpfchen
Caput:	Kopf
Caput femoris:	Hüftkopf
Caput humeri:	Oberarmkopf
Caput radii:	Speichenkopf
Clavicula:	Schlüsselbein
Collum:	Hals
Collum anatomicum humeri:	anatomischer Oberarmhals
Collum femoris:	Oberschenkelhals
Collum radii:	Speichenhals
Condylus medialis bzw. lateralis femoris:	innere bzw. äußere Kniegelenkwalze
Corpus:	Rumpf
Corpus femoris:	Oberschenkelknochenschaft
Epicondylus lateralis humeri:	äußerer Muskelursprungsfortsatz
Epicondylus medialis bzw. lateralis femoris:	innere bzw. äußere Walzenhöcker

Epicondylus medialis humeri: innerer Muskelursprungsfortsatz

Femur: Oberschenkelknochen

Fibula: Wadenbein

Humerus: Oberarmknochen

Ossa metatarsalia I-V: Mittelfußknochen I-V

Patella: Kniescheibe

Pelvis: Becken

Radius: Speiche (Knochen des Unterarms)

Scapula: Schulterblatt

Tibia: Schienbein

Trochanter major bzw. minor: großer bzw. kleiner Rollhügel des Oberschenkelknochens

Trochlea humeri: Humeruswalze

Tuberculum majus bzw. minus: großer bzw. kleiner Höcker des Oberarmknochens

Ulna: Elle (Knochen des Unterarms)

0.6   Wichtige Knochen der Extremitäten

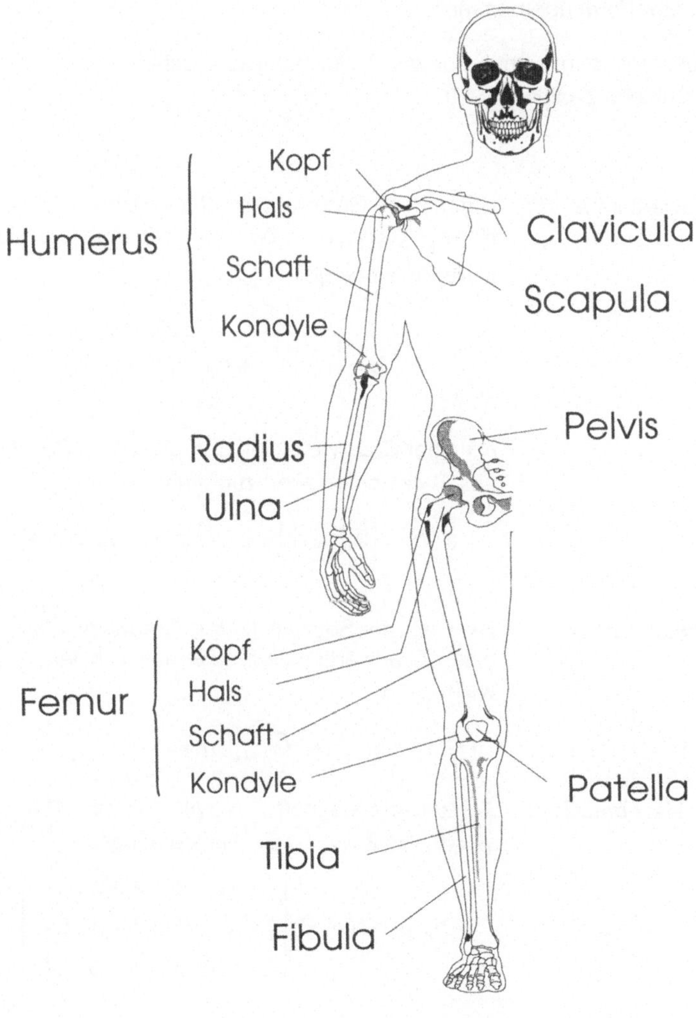

Bild 0-3: Knochen der Extremitäten.

0.7   Mathematische Definitionen

Für die Erläuterung der realisierten Bildauswertung (s. Kapitel 6.3, Konturenextraktion) sind die hier angegebenen Begriffe und Definitionen notwendig. Diese wurden zum Teil aus [Udup81] in abgewandelter und ergänzter Form übernommen.

Dabei steht Z für ganze Zahlen, N für natürliche Zahlen mit 0 und N_+ für natürliche Zahlen ohne 0.

Grauwertbild B Unter dem Grauwertbild B der Breite N_x und Höhe N_y ($N_x, N_y \in N_+$) versteht man die nicht leere Punktmenge:

$$B = \left\{ (x,y) \left| \begin{array}{l} (x',y') \in Z \times Z \, \wedge \\ 1 \leq x \leq N_x \, \wedge \\ 1 \leq y \leq N_y \end{array} \right. \right\}$$

mit einer Grauwertfunktion g, die jedem Punkt aus B einen Grauwert zuordnet:

$$g : B \rightarrow \left[0; g_{max}\right], \left[0; g_{max}\right] \subset N, \quad g_{max} \in N_+$$

Schwarzweißbild   Dies ist ein Spezialfall des Grauwertbildes mit einer Grauwertfunktion, die nur schwarz oder weiß liefert:

$$g : B \rightarrow \left[0, g_{max}\right]$$

8-er Nachbarschaft   Achternachbarschaft $N_8(p)$ eines Punktes $p = (x,y) \in Z \times Z$ ist die Punktemenge:

$$N_8(p) = \left\{ (x',y') \left| \begin{array}{l} (x',y') \in Z \times Z \, \wedge \\ 1 \leq |x' - x| + |y' - y| \leq 2 \, \wedge \\ |x' - x| < 2 \wedge |y' - y| < 2 \end{array} \right. \right\}$$

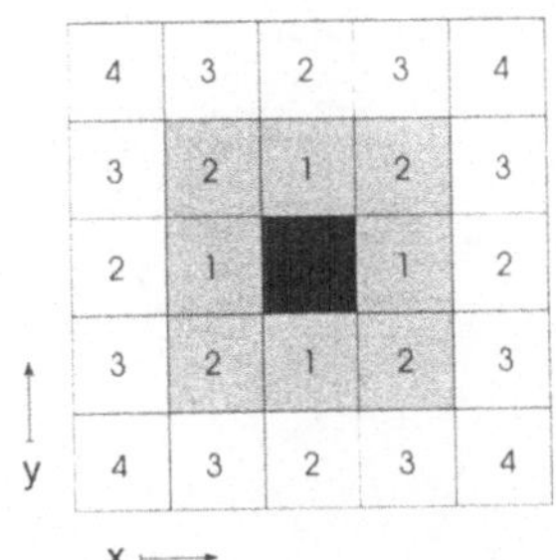

Bild 0-4: Achternachbarschaft des schwarz dargestellten Punktes. Die Zahlen sind das Resultat des Ausdrucks: $|x' - x| + |y' - y|$.

8-er Pfad

Achterpfad $Pfad_8(p_1, p_2)$ der Endpunkte $p_1, p_2 \in Z \times Z$, $p_1 \neq p_2$ ist eine Punktfolge $q_1, \ldots, q_n \in Z \times Z$, $n \in N_+$ mit der Eigenschaft:

$$q_1 = p_1 \ \wedge \ q_n = p_2 \ \wedge \ \left(q_i \in N_8(q_{i-1}); \ 2 \leq i \leq n\right)$$

Ist $p_1 = p_2$ so ist $Pfad_8(p_1, p_2)$ eine einelementige Punktefolge p_1.

Bildregion

Eine Bildregion R ist eine Teilmenge von B:

$$R \subseteq B$$

Zusammenhängende Bildregion

Sie hat die Eigenschaft:

$$\forall p_i, p_j \in R, \ i \neq j,$$
$$\exists \, Pfad_8(p_i, p_j) \subseteq R \ \text{falls} \ |R| > 1$$

Ist $|R| \leq 1$, so ist R per Definition zusammenhängend.

Kettencode	Die Kettencode $c(p_1, p_2)$ für die Punkte p_1 und p_2 gibt die Nachbarlage $i \in \{0, \ldots, 7\}$ des Punktes p_2 bezüglich p_1 an.

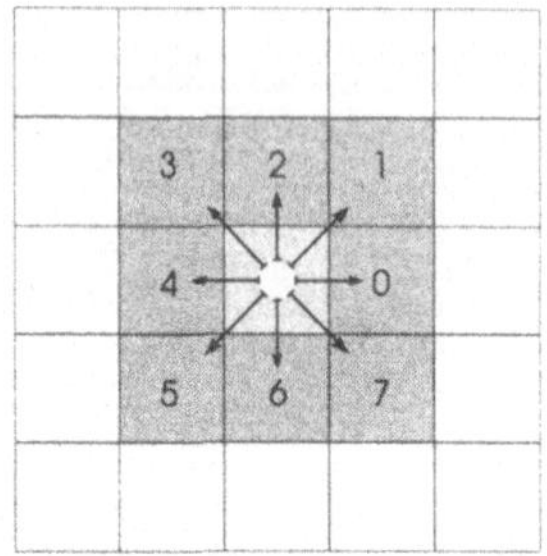

Bild 0-5: Kettencode für zwei 8-er Nachbarpunkte. Dabei ist der Pfeilanfang p_1 und das Pfeilende p_2.

Linksmenge	Die Linksmenge $L(p_{i-1}, p_i, p_{i+1})$ besteht aus dem Punkt p_i und seiner Nachbarpunkte, die innerhalb des durch den Anfangspfeil $c(p_{i-1}, p_i)$ und den Endpfeil $c(p_i, p_{i+1})$ gebildeten Winkels liegen.
Rechtsmenge	Die Rechtsmenge $R(p_{i-1}, p_i, p_{i+1})$ ist das Komplement der Linksmenge innerhalb der Achterumgebung des Punktes p_i.

Rechtsmenge

Linksmenge

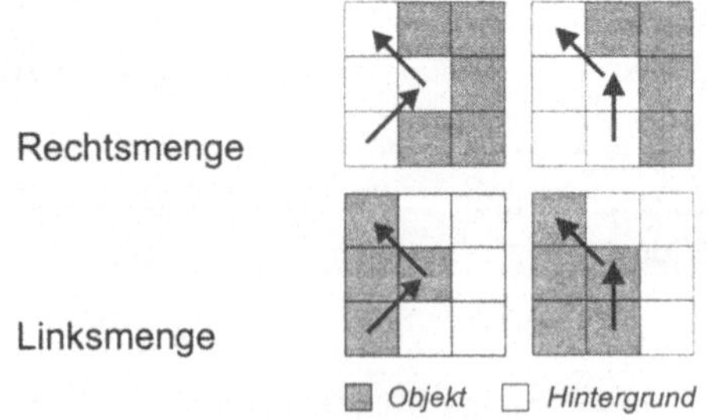

Bild 0-6: Beispiele für Links- und Rechtsmengen.

1 Einleitung

1.1 Einführung

In der Medizin werden häufig Operationen durchgeführt, die hohe Präzision erfordern, wie zum Beispiel die Zurichtung von Knochen in der Orthopädie oder die Gewebeentnahme bei der Gehirnpunktion. Hier spielen die Einhaltung vorausgeplanter Bearbeitungen, sowie die geometrischen Beziehungen zwischen Organen bzw. Geweben und chirurgischen Instrumenten eine entscheidende Rolle. Um eine exakte Diagnose zu ermöglichen, stehen Verfahren wie die Computertomographie oder die Kernspintomographie zur Verfügung [Kres80], die die räumliche Erfassung eines Körpergebietes ermöglichen. Die Planung und Durchführung der anschließenden Therapiemaßnahme kann rechnergestützt mit Hilfe der Computergraphik vollständig dreidimensional simuliert werden.

Die in der Diagnose gewonnenen Daten liegen i. allg. als Grauwertbilder in dem Rechnersystem des Diagnosegerätes vor und können am Bildschirm betrachtet werden. Zur Visualisierung werden unterschiedliche Funktionalitäten angeboten. Zu den wichtigsten zählen die Trennung einzelner Strukturen, wie Gewebe und Organe, von ihrer Umgebung (sog. Segmentierung) sowie deren dreidimensionale Darstellung.

Mit Hilfe der dreidimensional aufbereiteten, vom Diagnosegerät gelieferten Informationen kann der Chirurg eine genauere Diagnose erzielen als mit den herkömmlichen Diagnosetechniken (z. B. konventionelle Röntgenaufnahme auf Film). Oft werden erst durch die dreidimensionale Darstellung Befunde genauer quantifizierbar oder komplexe Zusammenhänge erkannt.

Im Gegensatz zu den bestehenden Methoden ist der Arzt außerdem in der Lage, das operative Vorgehen zumindest visuell unterstützt zu planen. Vorzunehmende Veränderungen an erkrankten Körperteilen können im voraus geplant sowie die Randbedingungen des Vorgehens, wie Zugangsprobleme, geklärt werden. Dabei hängt die Planung des chirurgischen Eingriffes stark von dem räumlichen Vorstellungsvermögen des Operateurs ab.

1.2   Problemstellung

In der Diagnose und der dreidimensionalen visuellen Operationsplanung gewinnt man durch Computersimulation Informationen hoher Genauigkeit. Moderne Graphikrechneranlagen sind in der Lage, dem Betrachter beliebige Objekte sowie kinematische Vorgänge in schattierter Darstellung (Gegenteil: Drahtdarstellung) und Echtzeit (ohne Verzögerung der Bewegungsablaufdarstellung) zu präsentieren. Nach Übernahme des rekonstruierten biologischen Objektes kann, mit Hilfe von Funktionen zur Auffindung physiologischer Merkmale [Moc92] und zur Trennung der Objekte, eine Therapiemaßnahme vollständig dreidimensional geplant werden. Jedoch können die gewonnenen Daten von dem Operateur nicht effektiv weiterverwertet werden. Somit endet hier die moderne; hochgenaue Diagnostik und Operationsplanung. Während der Operation versucht der Chirurg, die gewonnene Information gedanklich nachzuvollziehen und in Einklang mit den Gegebenheiten zu bringen. Ein Gelingen der Operation hängt deswegen stark von der Erfahrung und dem Vorstellungsvermögen des Operateurs ab (s. Bild 1-1).

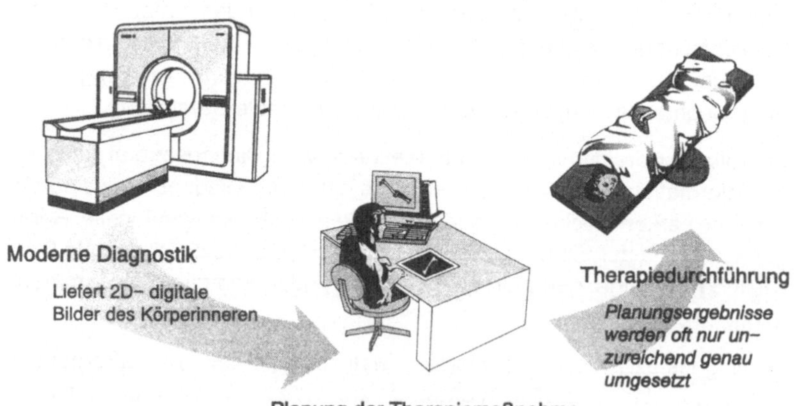

Bild 1-1: Problemstellung.

Erst flexible und exakte Handhabungseinrichtungen ermöglichen die konsequente Verwendung der in der Diagnose und Operationsplanung gewonnenen Informationen. Ihr Einsatz führt zur Steigerung der Qualität des Operationsergebnisses gegenüber einer herkömmlichen, von einem Arzt durchgeführten Operation, bei der Erfahrung und Raumvorstellungsvermögen im Vordergrund stehen.

Der Einsatz solcher Einrichtungen soll als eine Hilfestellung zur Zielwiederfindung während der Therapiedurchführung verstanden werden. Nach einem Eichvorgang stellen sie die Verbindung zwischen dem Patienten bzw. zu operierenden Körperteil und dessen im Rechnersystem digital vorhandenen Abbild her. Dadurch ist die genaue Wiederfindung von während der Simulation lokalisierten Gegebenheiten möglich. Geplante Bearbeitungen können somit direkt von der Simulation in die Realität mit hoher Präzision umgesetzt werden (s. Bild 1-2).

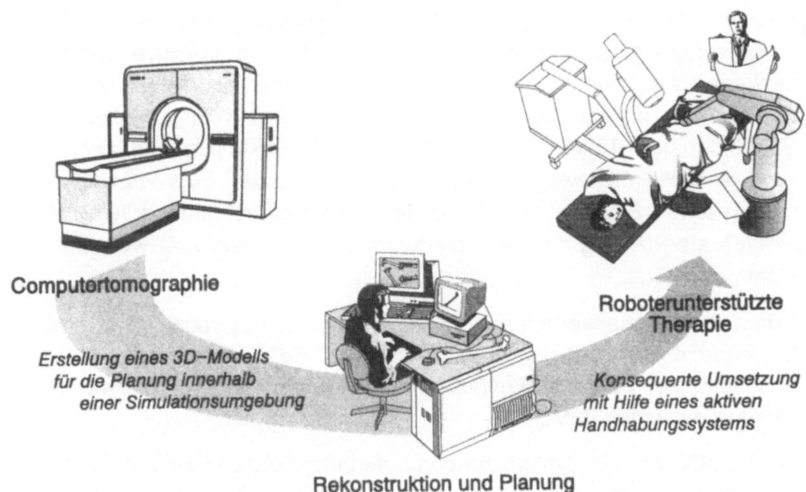

Bild 1-2: Prinzipielle Komponente und Merkmale eines Systems zur computer- und roboterunterstützten Chirurgie.

2 Stand der Technik

2.1 Computerunterstützte Planung chirurgischer Eingriffe

Für die Planung chirurgischer Eingriffe sind in der einschlägigen Fachliteratur verschiedene Systeme vorgestellt worden. Die Informationsaufbereitung der bildgebenden Verfahren zur Diagnostik bildet die Grundlage dieser Systeme. Durch Darstellung der biologischen Objekte mit 3D-Techniken erlauben sie eine genauere Diagnostik als die herkömmlichen Methoden. Die Ermittlung der Therapiemaßnahme nach einer erfolgreichen Diagnostik ist das Ziel der beschriebenen Systeme [Cema91, Fuch90, Heim93, ISG92, Voxe91, Zinr90]. Dafür werden neben Segmentierungsalgorithmen zur isolierten Darstellung verschiedenartiger Gewebe Interaktionsmöglichkeiten angeboten, die ein einfaches Manipulieren der biologischen Objekte zulassen. Dies sind vor allem das Schneiden oder Teilen zusammenhängender Objekte oder die Durchführung einer Relativbewegung der Objekte zueinander. Eine Planung von chirurgischen Eingriffen im Sinne der Therapiedurchführung (weiterhin einfach als Planung der Therapiedurchführung bezeichnet) wird jedoch nicht unterstützt.

Durch eine Verbesserung der Mensch-Maschine-Kommunikation mittels Stereoprojektion und taktiler Eingabemöglichkeit, wie z.B. des Datenhandschuhes, wird die Manipulation und Betrachtung der biologischen Objekte erleichtert [GMD94].

In [Pras90] wird ein System zur computerunterstützten Planung von chirurgischen Eingriffen vorgestellt. Nach Übernahme der Konturen, die das biologische Objekt nach einer CT-Aufnahme[1] beschreiben, wird ein Oberflächenmodell rekonstruiert. Verschiedene Algorithmen zur Ob-

---

[1] Computertomographie wird mit "CT" abgekürzt.

jektmanipulation sowie die prinzipielle Möglichkeit zur Übertragung der Therapie mit Hilfe eines Roboters in den OP[2] wurden gezeigt.

Eine Planung der Therapiemaßnahme am mittels Rapid-Prototyping nachgebildeten Objekt ist in [EOS93, Kärc91, MDC94] möglich. Der Operateur hat hier die Möglichkeit, die Therapiemaßnahme im voraus zu erproben und zu überprüfen. Nachteilig ist jedoch der hohe Zeit- und Kostenaufwand zur Herstellung solcher "Einweg"-Modelle. Außerdem ist eine genaue Übertragung der ermittelten Therapie in den OP mit mechanischen Vorrichtungen nur für bestimmte Arten der Gesichtschirurgie bedingt möglich [Kärc92]. Der Vorteil solcher Systeme ist die Möglichkeit zur Herstellung von benötigten Implantaten im voraus.

2.2   Therapiedurchführung unter Zuhilfenahme von passiven und aktiven Einrichtungen

2.2.1   Passive Einrichtungen (Navigations- und Positioniersysteme)

Verschiedene passive Positioniersysteme werden in [Deve91, Kryb91, Legg91, Rein91, Wata87] vorgestellt. Sie besitzen eine Visualisierungskomponente mit eingeschränkten Möglichkeiten zur Objektmanipulation. Eine Sensorik (Ultraschallsensorik bei [Rein91], optische Sensorik bei [Kryb91]) erlaubt die Lokalisierung der handgeführten medizinischen Instrumente anhand der zuvor aufbereiteten und mit dem Patienten korrelierten CT-Aufnahmen während einer Operation. Das Ziel der angesprochenen Navigationssysteme ist, dem Operateur die geometrischen Raumbeziehungen zwischen tiefliegenden Strukturen und der Objektoberfläche zu vermitteln.

---

[2] Operationsaal und Operation im Sinne eines chirurgischen Eingriffes werden in der medizinischen Fachsprache mit "OP" abgekürzt.

2.2.2   Aktive Einrichtungen (Handhabungsgeräte)

Der Einsatz von flexiblen Handhabungsgeräten für medizinische Anwendungen wird seit ca. 1987 untersucht [Kwoh87], jedoch erst in den letzten zwei Jahren entstanden Systeme, die für einen klinischen Einsatz tauglich sind.

Im Bereich der operativen Orthopädie ging im Herbst 1992 ein System in die klinische Erprobung, in dem ein Roboter nach Auswahl eines geeigneten Implantats den Markraum des Oberschenkelknochens für den Einsatz einer Hüftgelenksendoprothese aufbereitet [Paul92]. Die Arbeitsgruppe von Sacramento [Paul92] verwendet zur Korrelation drei kleine Metallstifte, die präoperativ am Oberschenkelknochen angebracht werden. Der Oberschenkelknochen des Patienten wird während der Operation so weit freigelegt, daß eine mechanische Fixierung mittels einer am Roboterfuß befestigten Knochenfasszange möglich ist. Die angebrachten Metallstifte werden über einen passiv geführten Roboterkraftsensor angetastet. Der fünfachsige Roboter ist dann in der Lage, für das am Graphikrechner ausgewählte Implantat die vorprogrammierten Fräsbahnen abzufahren.

Für neuere Verfahren in der Strahlentherapie sind bewegliche, rechnergesteuerte Strahlenquellen erforderlich. Bislang werden hierfür speziell adaptierte Standardgeräte verwendet, d.h. Geräte, die urspünglich für eine statische Bestrahlung mit unterschiedlichen Richtungen entwickelt wurden [Lutz88]. Diese Geräte wurden für einen Einsatz umgerüstet, bei dem die Strahlenquelle auch während der Bewegung aktiv ist. Der Nachteil dieses Vorgehens ist die geringe und relativ schlecht untersuchte Positioniergenauigkeit der umgerüsteten Geräte. Ein schwerer wiegender Nachteil ist jedoch die eingeschränkte Kinematik, die in vielen Fällen ungünstige oder suboptimale Dosisverteilungen erzwingt. Aus diesem Grund wurde die Entwicklung flexibler Handhabungsgeräte für dieses Gebiet vorangetrieben.

Während in [Fadd92] die Grundzüge eines Systems zur roboterunterstützten Arthroplastik am Knie erläutert werden, wird in [Kien93, Wu93] ein CAD-System verwendet, um den Ersatz des Kniegelenks durch eine Endoprothese zu planen. Darüberhinaus sieht [Kien93] eine roboterunterstützte Druchführung des Eingriffes vor.

Ein erstes im klinischen Routineeinsatz befindliches System wurde 1989 vorgestellt [Lava89]. Mit diesem System können Elektroden oder Strahlenquellen in einen Tumorbereich eingeführt werden. Das in [Lava89] vorgestellte System basiert auf einer stereotaktischen Behandlung, d.h. das vom Eingriff betroffene Gewebe muß räumlich fixiert werden, wobei eine Lagebestimmung und Lageüberwachung während der Behandlung entfällt.

Darüberhinaus wird in der Literatur über ein sich erst in der Entwicklungsphase befindendes Projektvorhaben berichtet [Flur92, SARA90]. Dieses sieht eine feste Kopplung eines CT-Gerätes mit einer mehrachsigen Kinematik für neurochirurgische Eingriffe im Kopfbereich vor.

2.3 Korrelation und Lagebestimmung mit Bildverarbeitungsverfahren

In der letzten Zeit konzentrieren sich vielfältige Anstrengungen auf Bildverarbeitungsverfahren in medizinischen Anwendungen sowie die Fusion des Datenmaterials aus unterschiedlichen Quellen wie etwa Tomographie-, Röntgen- oder Angiogrammdaten [Acha91, DeAg92, Ende92, Lava92, Mino92, Wood92]. Ein Teilproblem hierbei ist die Wiedererkennung der räumlichen Lage eines Gewebeausschnitts, die in diesen Fällen jedoch nicht in Echtzeit erfolgen muß.

Erste Ansätze für eine Operationsunterstützung durch ein kamerageführtes Handhabungsgerät werden in [Cinq92] dargestellt. Hier wird versucht, ähnlich wie in [Pras90], anhand natürlicher Merkmale des betrachteten biologischen Objektes dessen Lage relativ zur Handhabungseinrichtung zu ermitteln. Problematisch erweist sich hier die Datenvorverarbeitung und die Segmentierung des gesuchten Objektes bei einem realen Einsatz im OP.

2.4 Zusammenfassung Stand der Technik

Für die Übernahme und Aufbereitung der Bildinformation von Diagnoseverfahren wie Computer-Tomographie (CT), magnetische Resonanz (MR), Ultraschall (US), usw. wurden bereits verschiedene Systeme konzipiert, die entweder eine Volumen- oder eine Flächendarstellung der biologischen Objekte liefern. Durch Manipulationsfunktionen wie Trennen und Bewegen lassen diese Systeme i. allg. die Ermittlung der notwendigen Therapiemaßnahme zu. Dazu werden oft bestehende CAD-Systeme eingesetzt. Diese bieten jedoch nicht die erforderliche Arbeitsumgebung und erlauben selten eine Simulation von Bewegungsabläufen in Echtzeit. Die interaktive Planung der Therapiedurchführung wurde bisher nicht realisiert. Eine Überprüfung der ermittelten Therapie innerhalb eines Simulationssystems, in dem sich die aktuellen Verhältnisse im OP wiederspiegeln, ist mit den vorhandenen Systemen nicht möglich.

Die Wiedererkennung und Korrelation des zu behandelnden Objektes stellt ein schwer zu lösendes Problem dar. Eine Lagebeziehung zwischen Diagnose- und Therapieeinrichtung wird auf drei verschiedenen Wegen erzielt. Bei der ersten Methode stellt eine Fixierungsvorrichtung das Bezugssystem dar. Dies kann aber nur in einfacher Weise am Kopf verwendet werden. Eine Anbringung von Marken, die durchgehend als Bezugssystem dienen können, bieten eine zweite Möglichkeit zur Korrelation. Die beiden genannten Verfahren beruhen jedoch auf taktiler Abtastung der angebrachten Marken. Die Verwendung von natürlichen Merkmalen stellt die anspruchsvollste Art der Korrelation dar. Sie wurde in ersten Ansätzen gelöst, bedarf aber einer intensiven Weiterentwicklung für eine echtzeitfähige Verfolgung des Operationszieles.

Die neuen Anforderungen an die exakte Patientenlagerung auf dem Operationstisch als Voraussetzung für den intraoperativen Einsatz eines maschinellen Handhabungsgerätes sind bislang nicht definiert und erforscht. Die Fixierung und/oder Lagerung des Patienten wurde bisher nur auf mechanische Weise mit einfachsten Mitteln wie Faßzangen, Fixateur-Externe o. Ä. an Knochenstrukturen (Kopf und Oberschenkelknochen) realisiert.

Ein klinischer Einsatz eines operationsunterstützenden Roboters ist nur in zwei Fällen bekannt. Dabei handelt es sich um sehr spezielle Anwendungen, die auf andere Körpergebiete nur bedingt übertragen werden können. Die verschiedenen verwendeten Softwaretools sind nicht homogen und benötigen deshalb auch unterschiedliche Hardware, so daß die Systeme eine komplexe, zum Teil nicht durchgängige Kette von Teilkomponenten bilden. Der Umgang mit solchen Systemen erfordert daher sehr gute Kenntnis über deren Aufbau und Implementierung. Die einfache, verständliche Benutzerführung im täglichen Gebrauch eines OP-Simulations- und Assistenzsystems ist eine wichtige Voraussetzung für die Akzeptanz und die Anwendbarkeit durch den Chirurgen.

Welche Ansprüche operativ tätige Orthopäden und Unfallchirurgen an eine Benutzeroberfläche eines solchen Computersystems haben und wie die Schnittstelle zwischen Chirurg und Maschine aussehen soll, wurde bisher nicht definiert. Angaben zu einem standardisierten Einsatz von maschinellen Handhabungsgeräten unter realen Operationsbedingungen gibt es zur Zeit nicht.

3 Zielsetzung und Vorgehen

Ziel der vorliegenden Arbeit ist es, ein durchgängiges System zur computerunterstützten Operationsplanung und roboterunterstützten Therapiedurchführung zu konzipieren und prototypenhaft zu implementieren. Dies soll am Beispiel der Umstellung des Hüftgelenkes (intertrochantere Femurumstellungsosteotomie) erprobt werden. Darüberhinaus sollen die Untersuchungs- und Arbeitsergebnisse die Grundlage für ein vielfältig einsetzbares System bilden.

Aufgrund der Komplexität der Aufgabenstellung ist es sinnvoll, das System in Modulbausteine zu gliedern. Die grobe Aufteilung des Systems in seine primären Komponenten richtet sich nach dem logischen und zeitlichen Ablauf eines chirurgischen Eingriffes (s. Bild 3-1). Danach sind es vier wesentliche Schritte, die bei einer komplexen Operation nacheinander durchgeführt werden. Die digitale Erfassung der zu betrachtenden biologischen Objekte erfolgt

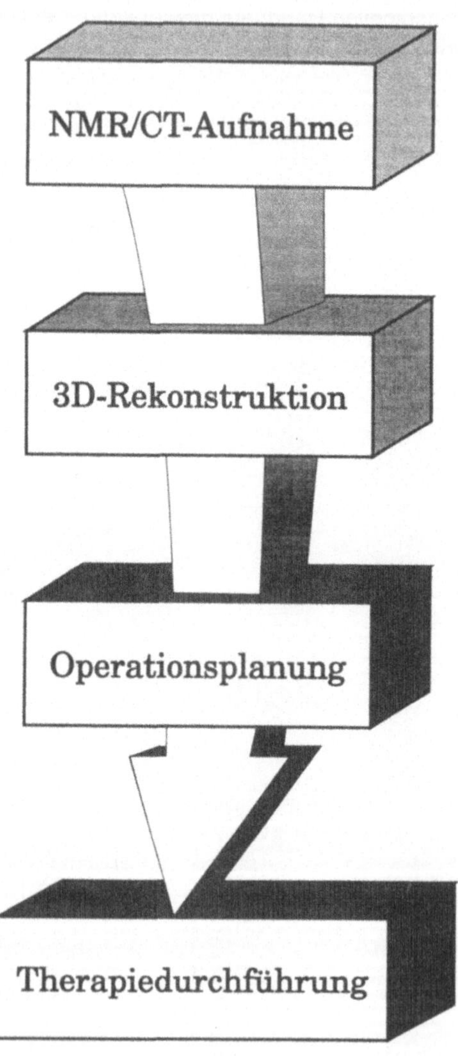

Bild 3-1: Primäre Systemkomponenten.

mittels Kernspintomographie (KST) oder Computertomographie (CT). Die dreidimensionale Rekonstruktion der von der Diagnoseeinrichtung gelieferten zweidimensionalen Information ist die Voraussetzung für eine realitätsnahe Simulation und Planung der anstehenden Therapiemaßnahme. Im letzten Schritt werden die gewonnenen Erkenntnisse und Ergebnisse der Operationsplanung umgesetzt.

Die grobe Gliederung des Systems ist, gemäß der Grundlagen technischer Systeme, eine Systemunterteilung nach funktionellen Gesichtspunkten [Ropo75]. Danach wird die Gesamtfunktion des Systems in Teilfunktionen (weiterhin als Module des Systems bezeichnet) gegliedert. Die einzelnen Module des Systems werden aus ihrem Umfeld freigeschnitten und als Teilsysteme getrennt betrachtet. Sie sind wiederum in einem höheren Detaillierungsgrad nach ihrer Funktionalität untergliedert und bilden damit eine bestimmte Hierarchie (s. Bild 3-2).

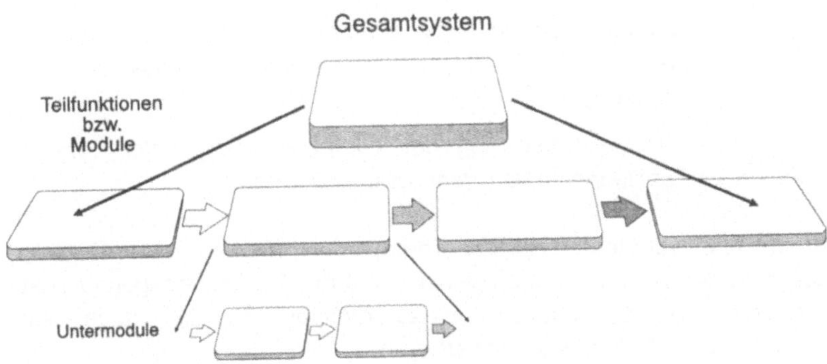

Bild 3-2: Hierarchie des Systems.

Die Planung und Ausführung einer Operation mit Hilfe des Systems wird als ein Prozeß betrachtet, der die einzelnen Module durchläuft. Die Ergebnisse eines Moduls bilden somit die Eingangsdaten für das nächste. Jeder durchlaufene Schritt stellt einen in sich abgeschlossenen Ablauf dar. Je nach gefordetem Unterstützungsgrad können auch Teile der Funktionskette oder der komplette Funktionsumfang bis zur Durchführung der Operation genutzt werden.

4 Analyse der Einsatzmöglichkeiten und Anforderungen an das System

Die Voraussetzungen und Beweggründe für den Einsatz von 3D-Simulation und Robotern in der Chirurgie sind anders gelagert als bei einem industriellen Einsatz. Bei der Vielfalt der chirurgischen Eingriffe und Techniken kann die Zuhilfenahme eines Roboters nur in bestimmten Fällen sinnvoll sein, d.h. in Fällen, bei denen die Vorteile des Rechners und des Roboters gegenüber dem Menschen zum Tragen kommen [Milb92]. Das ist insbesondere dann der Fall, wenn es sich um Operationen handelt, die wegen ihrer Komplexität hohe Anforderungen an das räumliche Vorstellungsvermögen bei der Planung und der Durchführung stellen. Dementsprechend lassen sich die Ziele eines solchen Systems wie folgt formulieren:

1. *Genaue Planung einer Therapiemaßnahme und deren Durchführung mit Hilfe von 3D-Simulationswerkzeugen.*

2. *Genaue Umsetzung der Therapieplanung unter Zuhilfenahme von Handhabungsgeräten.*

Durch eine roboterunterstützte Therapiedurchführung ist außerdem, aufgrund der verbesserten Zielfindung und der Ausführungsgenauigkeit, mit verkürzten Operationszeiten zu rechnen, so daß auch eine Entlastung des Patienten zu erwarten ist.

In der vorliegenden Arbeit werden zunächst die Einsatzmöglichkeiten eines solchen Systems in der orthopädischen Chirurgie überprüft, ohne seine Allgemeingültigkeit einzuschränken. Als Hauptgebiet wird die Durchführung von Gelenkumstellungen an den Extremitäten gewählt. Besonderes Augenmerk wird auf die Umstellung des Hüftgelenks gelegt. Weitere Einsatzgebiete außerhalb der chirurgischen Orthopädie sind u.a.:

- Neurochirurgie,

- Gesichtschirurgie,

- Durchführung von Biopsien.

4.1   Einsatzmöglichkeiten in der Orthopädie

Knochendurchtrennende Operationen (Osteotomien) sind in der Orthopädie, der Traumatologie sowie auch in der Kieferchirurgie wesentliche Verfahren, mit denen anlagebedingte oder unfallbedingte Fehlstellungen korrigiert werden können. Bei diesen Operationen werden, biomechanischen Erkenntnissen folgend (z.B. [Pauw73]), Knochen an bestimmten, vorher genau festgelegten Stellen mit mechanischen Werkzeugen durchtrennt und nach korrigierender Zurichtung, z.B. durch Heraustrennung von Knochenkeilen, wieder zusammengefügt.

Um den künstlich durchtrennten Knochen wieder mit ausreichender Stabilität zusammenzusetzen, werden Metallimplantate verwendet, mit deren Hilfe die beiden zusammengehörigen Knochenteile ähnlich einer Knochenbruchverschraubung stabil zusammengesetzt werden (s. Bild 4-4). Diese müssen an bestimmten, anatomisch und biologisch vorgegebenen Stellen des Knochens angebracht werden [Allg73, Böhl63, Clau79, Lanz72, Müll92, Oler71, Perr74], damit erstens die Knochenheilung ungestört abläuft, zweitens die angestrebte Korrektur auch realisiert wird und drittens der operierte Patient ohne zusätzliche Ruhigstellungen im Gipsverband inmobilisiert werden kann. Die Positionierung der Osteosyntheseimplantate (Platten, Nägel, Schrauben) muß vor einer Korrekturosteotomie genau festgelegt und später intraoperativ auch exakt vom Operateur umgesetzt werden. Dazu ist in der Regel eine genaue Operationsplanung und auch eine äußerst präzise Operationsdurchführung erforderlich. Wenn die Implantatlage oder die erzeugte Knochengeometrieveränderung vom präoperativen Plan abweichen, kann dies unerwünschte Ergebnisse wie z.B. Pseudoarthrosen [Jäge92, Perr74, Rehn81] zur Folge haben.

Obwohl es sich bei Osteotomien um dreidimensionale Veränderungen der Knochengeometrie handelt, wird die Operationsplanung, entsprechend dem heutigen Stand der bildgebenden Techniken, üblicherweise mit Hilfe von zweidimensionalen Planungszeichnungen auf der Basis konventioneller Röntgenaufnahmen durchgeführt [Müll92].

Neuere Verfahren, die mit Hilfe der Computertomographie oder Kernspintomographie präoperativ digitale dreidimensionale Bilddatensätze erstellen und diese dann auf einem Rechner bearbeiten, erlauben eine Simulation der geplanten Osteotomie präoperativ auf einem Bildschirm [Pfle91, MüPr90]. Gegenüber der konventionellen OP-Planung hat der

Chirurg damit ein Hilfsmittel zur Hand, mit dem er Effekte der geplanten Korrektur am Rechner simulieren kann.

Durch die geometrische Formveränderung des Knochens bzw. des Gelenkes entsteht eine neue biomechanische Situation. Die biomechanischen Auswirkungen durch diese Veränderungen können bisher nicht simuliert werden. Damit sind auch keine Aussagen über die genauen mechanischen Auswirkungen der geplanten Osteotomie, vor allem unter dynamischen Gesichtspunkten, möglich. Allerdings gibt es derzeit auch keine Konzepte, mit denen die anzustrebende exakte Umsetzung der Planung intraoperativ erreicht wird. Der Chirurg muß also weiterhin die Instrumente und Werkzeuge manuell positionieren und handhaben. Das führt häufig zu Ungenauigkeiten und Abweichungen vom präoperativen Plan und unter Umständen auch zu nicht gewünschten Behandlungsergebnissen.

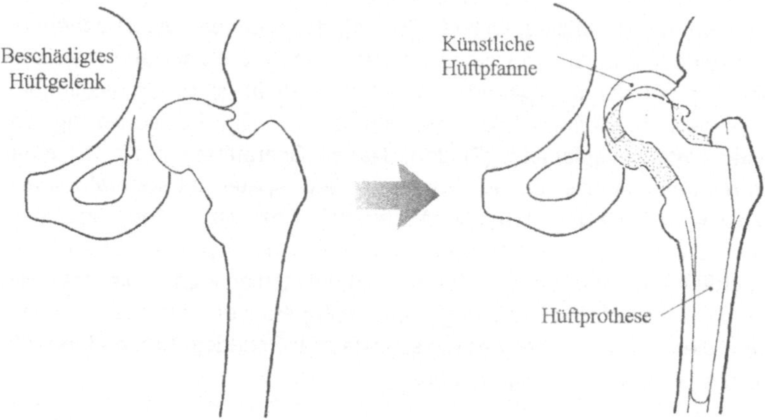

Bild 4-1: Einbau eines künstlichen Hüftgelenkes.

Neben der Knochenzurichtung des Oberschenkel- und Beckenknochens beim Einbau von künstlichen Hüftgelenken (s. Bild 4-1) müssen auch bei Implantationen von Kniegelenksprothesen genaueste Knochenschnitte durchgeführt werden, damit die konfektionierten Prothesebauteile exakt an den Knochen angesetzt werden können. Dies wird zur Zeit durch manuell auf den Knochen aufgesetzte Säge- und Bohrschablonen realisiert (s. Bild 4-2). Trotz der sehr exakt gefertigten Schablonen treten in der Praxis häufig erhebliche Ungenauigkeiten an den so durchgeführten Knochenschnitten auf. Ein ungenauer Prothesesitz ist dann die Folge, die Prothesenkomponenten haben dadurch kürzere Haltbarkeitszeiten.

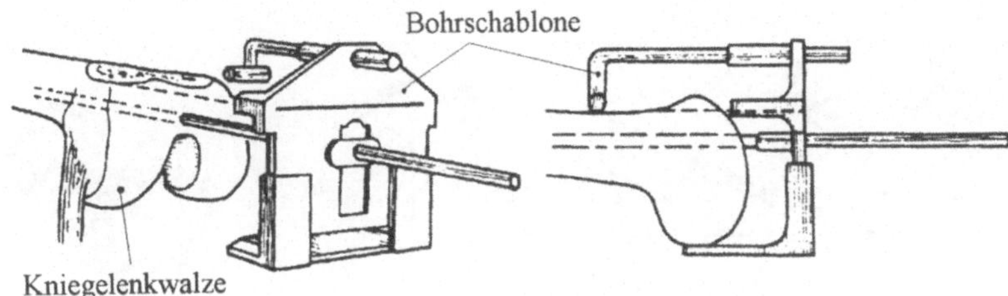

Bild 4-2: Durchführung von Bohrungen für den Einbau einer Kniegelenksprothese [SOFC89].

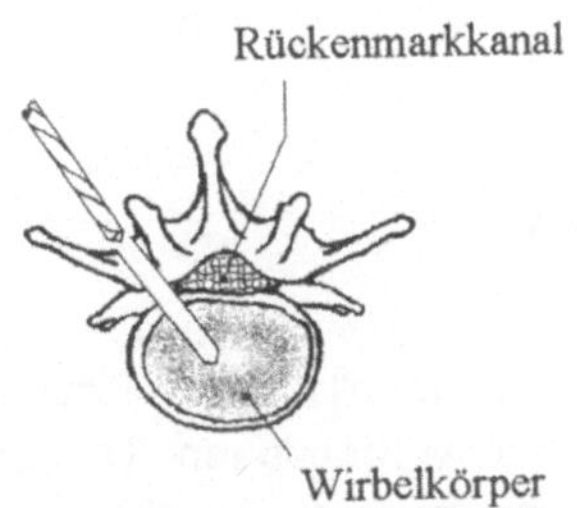

Bild 4-3: Durchführung von Bohrungen an der Wirbelsäule.

Eine große Präzision ist auch bei Bohrvorgängen an schwer überschaubaren Knochenpartien erforderlich. In der operativen Korrektur der Wirbelsäulenverkrümmungen (Skoliosen) müssen Bokrungen an den Wirbelkörpern zur Anbringung der korrektiven Implantatsysteme vorgenommen werden (s. Bild 4-3). Wegen stark von der Norm abweichender anatomischer Verhältnisse sind diese Bohrungen sehr schwer durchführbar und gleichzeitig mit einem hohen Komplikationsrisiko hinsichtlich der Verletzung von Nervenstrukturen und Rückenmark behaftet.

In der gelenkerhaltenden Behandlung von Hüftgelenksverschleißerkrankungen (Coxarthrosen) werden Veränderungen an der Hüftpfannenlage und/oder der angrenzenden Gelenkanteile operativ vorgenommen (s. Bild 4-4). Dazu werden komplexe Durchtrennungen, oft in mehreren Lagen, des Beckenknochens erforderlich. Die genaue Positionierung der einzelnen Sägeschnitte, deren genaue Beziehung zueinander und zu den umgebenden wichtigen Geweben (Nerven, Blutgefäße, Muskeln) stellen bei der Durchführung dieser Operationen das elementare Problem dar.

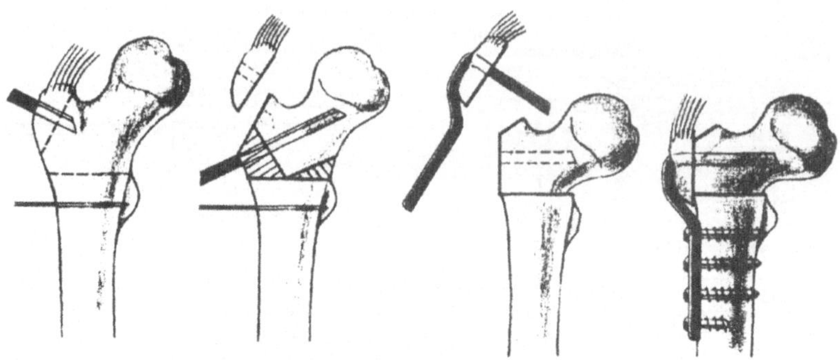

Bild 4-4: Durchführung einer Osteotomie mit anschließender Osteosynthese [Müll92].

4.2   Korrekturen am Hüftgelenk

Die Voraussetzung für eine Problemlösung ist die vollständige Erfassung der Thematik unter Berücksichtigung des vorhandenen Umfeldes. Speziell für die Entwicklung von Planungswerkzeugen für chirurgische Eingriffe im Bereich der Gelenke langer Röhrenknochen sind anatomische Grundkentnisse der betreffenden Strukturen erforderlich.

Bei den hier aufgelisteten Fehlstellungen und Erkrankungen ist für die vorliegende Arbeit nur die anzuwendende Korrekturmaßnahme von Bedeutung. Auf die genaue Ursache der Krankheit (Äthiologie) wird deshalb nicht näher eingegangen. Darunter lassen sich Verletzungsfolgen (posktraumatische Gründe), Wachstumsstörungen (metaphysäre Displasien), angeborene Fehlstellungen (idiopathische Gründe), symptomatische Gründe (Vitaminmangel, Entzündung, etc.), kompensatorische Gründe (Fehlstellung als Ausgleich anderer) und Nervenerkrankungen (neurogkne Gründe) nennen. Für eine eingehende Studie sei hier auf [Jäge92, JäWi92] verwiesen.

4.2.1 Anatomische Achsen und Winkelgrößen der unteren Extremität

Die mechanische Achse (Traglinie TL) verbindet bei physiologischer Beinform den Mittelpunkt des Hüft-, Knie- und oberen Sprunggelenks (Mitte des Calcaneus). Sie verläuft unabhängig von der Richtung der anatomischen Achse (Femurachse AF und Tibiaachse TA) des Beins (s. Bild 4-5).

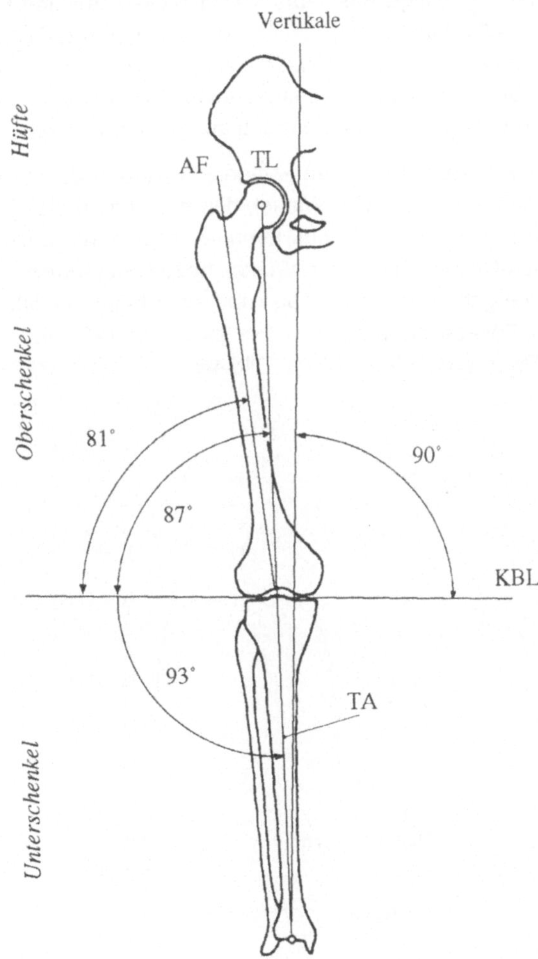

Bild 4-5: Frontale Ansicht der unteren Extremität.

17

Die Kniebasislinie (KBL) ist die Tangente zur kaudalen Begrenzung der Femurkondylen. Sie liegt normalerweise horizontal und bildet beim aufrechten Stand auf beiden Beinen einen Außenwinkel von ca. 87° mit der mechanischen Beinachse (TL).

Das Hüftgelenk wird durch den Oberschenkelknochen (Femur), den größten Röhrenknochen des Körpers, und das Becken gebildet. Die Hüftpfanne (Acetabulum) und der Femurkopf (Caput Femoris) bilden ein Kugelgelenk, das von zahlreichen Bändern und Muskeln zusammengehalten wird. Wichtige Ansatzpunkte für Muskulatur und Knochenverbindungen (i. allg. Ligamenta) stellen zwei ausgeprägte Höcker (Trkchanter major und minor) am hüftgelenksnahen Teil des Femurs dar, wobei die sich bezüglich des Drehmittelpunktes des Femurkopfes ergebenden Hebelarme zur Momenterzeugung ausgenutzt werden.

Die geometrischen Verhältnisse am Hüftgelenk werden durch zwei ausgezeichnete Winkel definiert. Der Winkel, den der Femurhals (Collum femoris) und der Femurschaft (Corpus femoris) miteinander einschließen, wird als Corpus-Collum-Diaphysen-Winkel bezeichnet (kurz CCD). Er beträgt beim Neugeborenen etwa 150° und sinkt beim Dreijährigen auf 145° ab. Beim Erwachsenen schwankt er zwischen 126° und 128° und erreicht beim Greis schließlich 120° (s. Bild 4-6).

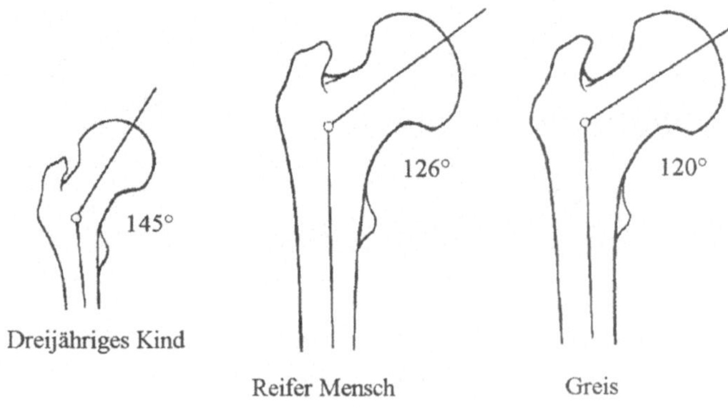

Bild 4-6: CCD-Winkel.

Der CCD-Winkel ist für die Stabilität des Oberschenkelknochens von entscheidender Bedeutung. Ein von der Norm abweichender CCD-Winkel kann auf eine Fehlstellung hinweisen. Ist er vergrößert, so spricht man von einer Coxa valga und umgekehrt von einer Coxa vara. Da Formänderungen des Oberschenkelknochens sich naturgemäß auf das Kniegelenk auswirken, sind die Stellungsanomalien der Hüfte mit Fehlausbildungen des Kniegelenkes verbunden.

Der Antetorsionswinkel (kurz AT) liegt zwischen der Schenkelhalsachse und der Femurkondylenachse in der lotrechten Projektion auf die Kondylenebene (s. Bild 4-7). Der Antetorsionswinkel zeigt eine Schwankungsbreite zwischen 4° und 20°. Im Mittelwert beträgt er beim Europäer etwa 12°. Zusammen mit dem CCD-Winkel beschreiben sie vollständig die geometrischen Verhältnisse des Hüftgelenks.

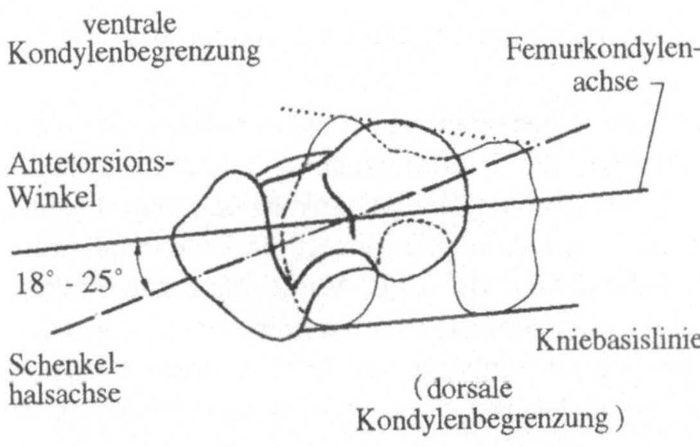

Bild 4-7: Anatomische Größen des Kniegelenkes. Draufsicht des Femurs: links im Bild ist das proximale (Femurkopf) und rechts mit teilweise gestrichelter Linie das distale Ende des Femurs (Kondylen) zu sehen.

4.2.2   Korrekturmöglichkeiten der Hüfte

Steilhüfte (Coxa valga): Bei einer Steilhüfte handelt es sich um eine Schenkelhalsverbiegung mit einem anormalen größeren CCD-Winkel (s. Bild 4-8).

Klumphüfte (Coxa vara): Die Klumphüfte ist analog der Steilhüfte durch einen anormalen kleinen CCD-Winkel gekennzeichnet (s. Bild 4-8).

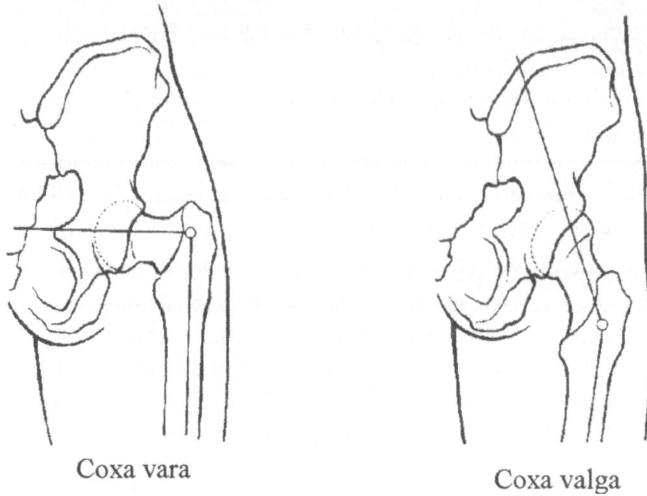

Bild 4-8: Steilhüfte (Coxa valga) und Klumphüfte (Coxa vara) [Plat91].

Ähnlich wie bei der Umstellung des Schultergelenkes ist hier die übliche Therapiemaßnahme die intertrochantere (zwischen dem kleinen und dem großen Rollhügel des Oberschenkelknochens) Umstellungsosteotomie. Bei einer Valgusdeformität erfolgt die Entnahme eines Knochenkeils mit medialer Basis. Bei einer Varusdeformität erfolgt analog die Entnahme eines Knochenkeiles mit lateraler Basis. Die Keilgröße wird, wie oben beschrieben, anhand der Röntgenbilder berechnet und zusammen mit der Osteotomiehöhe in eine Operationszeichnung eingetragen.

4.3   Weitere Korrekturmöglichkeiten an den Extremitäten

Körperteil	Erkrankung	Therapie
Schulter	*Schmerzhafte primäre und sekundäre Arthrosen*	Periartikuläre Osteotomie des Skapulahalses und des proximalen Humerus (Operation nach Benjamin)

Ellenbogen	*X-Ellenbogen (Cubitus valgus)*	Suprakondyläre Osteotomie des Humerus unter Entnahme eines Knochenkeils mit medialer Basis
	O-Ellenbogen (Cubitus varus)	Suprakondyläre Osteotomie des Humerus unter Entnahme eines Knochenkeils mit lateraler Basis
	Angeborene Luxation des Radiusköpfchens	Suprakondyläre Osteotomie des Humerus und Resektion des Radiusköpfchens
	Erkrankung des Ellenbogengelenkes	Suprakondyläre Osteotomie des Humerus
	Arthrose des Ellenbogengelenkes	Korrekturosteotomie des Gelenkes
Knie	*X-Beine (Genu valgum)*	Suprakondyläre Femurosteotomie, suprakondyläre quere Femurosteotomie oder Pendelosteotomie
	O-Beine (Genu varum)	Valgisierende Tibiakopfosteotomie, suprakondyläre keilförmige valgisierende Femurosteotomie oder Pendelosteotomie
	Hohlknie (Genu recurvatum)	Quere Tibiaosteotomie unter Entfernung eines Knochenkeils mit hinterer Basis und Belassung einer dorsalen Knochenspange (Operation nach Lange), femorale Korrekturosteotomie oder Tibiakopf- und Fibulaosteotomie (Operation nach Lexer)
	Degenerative Veränderung des Kniegelenkes (Gonarthrose)	Suprakondyläre Osteotomie oder Tibiakopfosteotomie
	Spontane Osteonekrose Ahlbäok	Umstellungsosteotomie des distalen Femurs

Fuß	*Hackenfuß*	Osteotomie unter Entnahme eines Keiles mit hinterer Basis aus dem Kalkaneus
	Hammerzehe (Hallux valgus)	Basisosteotomie des Os metatarsale I nach Mau und Imhäuser oder Teleskoposteotomie nach Helal

4.4   Zusammenfassung Analyse der Einsatzmöglichkeiten

Bei der Durchführung von Korrekturen an den Extremitäten werden geometrieverändernde Methoden angewandt. Die Veränderung der Gelenkgestalt soll das Zusammenspiel der Kräfte in den Bändern, Muskeln und dem Gelenk in Einklang bringen. Dazu werden i. allg., ähnlich eines Fachwerkes, Winkelverhältnisse des menschlichen Gerüstes verändert. Durch die Herausnahme eines Keilstückes an den Enden der langen Röhrenknochen wird das betroffene Gelenk in seiner Geometrie verändert. Das Zusammenfügen der entstandenen Knochenteile (Osteosynthese) wird mit einem im Knochen zu befestigenden Implantat erreicht.

Grundsätzlich ist die Ausführung roboterunterstützter Arbeitschritte wie

- Auffinden und Anzeigen von Sägeebenen und

- Auffinden und Anzeigen von Bohreintrittspunkten und -richtungen

in allen Punkten der Knochenbearbeitung wünschenswert.

Als Deffizite des herkömmlichen Vorgehens können folgende Punkte genannt werden:

- Die Planung solcher Eingriffe erfolgt in der Regel nur im Zweidimensionalen unter Verwendung einfachster Hilfsmittel.

✗ Eine Überprüfung der Operationsergebnisse im
voraus ist nicht möglich.

✗ Für die Übertragung der Operationsplanung existieren nur sehr ungenaue und rudimentäre indirekte Methoden.

✗ Bei der Durchführung der Therapie treten oft Abweichungen von der ursprunglichen Operationsplanung auf, so daß oft die im voraus ausgewählten Implantate zur Osteosynthese nicht verwendet
werden können. Das zu verwendende Implantat
wird erst nach einer aufwendigen Ermittlung während der Operation bestimmt.

✗ Insgesamt ist das Navigieren am Operationsgebiet
sehr aufwendig und bedarf der visuellen und takti-
len Erkennung wichtiger Merkmale an Knochenstrukturen sowie der Interpretation intraoperativer
Röntgenaufnahmen.

4.5   Anforderungen an ein System zur computer- und roboterunterstüzten Chirurgie

Entsprechend den am Anfang dieses Kapitels formulierten Zielen und
den im Kapitel 3 vorgestellten Ablaufphasen komplexer chirurgischer
Eingriffe ergeben sich die Funktionsweise und Inhalte des Systems.

4.5.1   Voraussetzungen für die computer- und roboterunterstützte Chirurgie

Ausgehend von der mittels Diagnoseeinrichtung gewonnenen Information soll ein chirurgischer Eingriff geplant werden. Die Operationsplanung
stellt im weitesten Sinne eine Veränderung der Diagnostikinformation im
Rechner dar. Biologische Objekte werden in ihrer diskreten Darstellung
innerhalb eines Simulationssystems durch Veränderung der geometrischen Beziehungen bzw. Attribute ihrer einzelnen Bestandteile modifiziert. In Wirklichkeit erfolgt die Veränderung der biologischen Objekte mit

Hilfe von chirurgischen Instrumenten. Deshalb ist die Modellierung der benötigten Instrumente innerhalb des Simulationssystems notwendig. Mit ihrer Hilfe läßt sich die Durchführung der Therapiemaßnahme, also der Ablauf des Prozesses, exakt planen.

Die Beschreibung der betrachteten biologischen Objekte sowie der chirurgischen Instrumente innerhalb eines Simualtionssystems ist aber für die Durchführung einer roboterunterstützten Maßnahme nicht ausreichend. Ein roboterunterstützter Eingriff, der eine konsequente Umsetzung des Operationsvorhabens gewährleisten soll, bedarf eines korrelierbaren Bezugssystems zur Positionsfindung. Das heißt, daß die Positionsangaben der geführten Instrumente bezüglich eines im Simulationssystem festgelegten und während des Eingriffes durch die Maschine referenzierbaren Bezugssystems angegeben sein müssen.

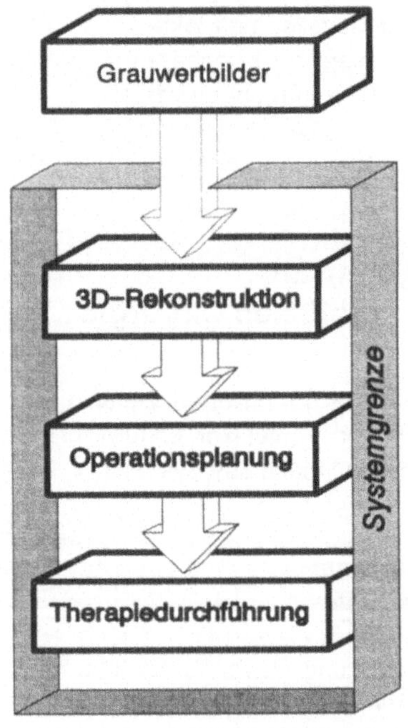

Bild 4-9: Gesamtsystem, Teilsysteme und Systemgrenze.

Nach Korrelation der Bezugssysteme ist die roboterunterstützte Therapiedurchführung grundsätzlich möglich. Dafür muß das System unter Berücksichtigung von prä- und intraoperativer Information über das Operationszielgebiet und Operationsvorhaben geeignete Steuerdaten für das Handhabungsgerät generieren.

Mit den diskutierten Einsatzmöglichkeiten und dem hier aufgezeigten Prinzip der computer- und roboterunterstützten Chirurgie lassen sich die Anforderung an das zu entwerfende System formulieren. Die Anforderungen werden gemäß den im Kapitel 3 dargestellten Modulen zusammengefaßt. Die folgenden Anforderungen kommen einer weiteren Verfeinerung der Funktionsstruktur in ihre Teilfunktionen gleich. Da die Bildgewinnung nicht Gegenstand der vorliegenden Arbeit ist, wird die Gesamtsystemgrenze dementsprechend definiert (s. Bild 4-9). Die digitalisierten Bilder der Diagnostikeinrichtung sind somit die Eingangsgröße des Systems.

4.5.2   Bildübernahme und Rekonstruktion

Das System soll in der Lage sein, die folgenden Aufgaben, soweit dies erforderlich ist, ohne Benutzerinteraktion zu bewältigen:

① Übernahme der Bildinformation von einem Computertomographen und Visualisierung der CT-Sequenz.

② Segmentierung des zu untersuchenden Objektes.

③ Dreidimensionale Rekonstruktion des Objektes anhand der segmentierten Daten.

④ Darstellung des Objektes in einem korrelierbaren Bezugssystem.

4.5.3   Computerunterstützte Operationsplanung

Die einzelnen Anforderungen an die Komponente zur Operationsplanung sind:

① Übernahme des rekonstruierten Objektes in das Simulationssystem.

② Berechnung physiologischer Merkmale und Abbildung der physiologischen Funktionalität des betrachteten Objektes.

③ Planung der Therapiemaßnahme unter Verwendung von Funktionen, die dem Arzt auf sinnvolle Weise Auskunft über die Veränderung wichtiger Parameter während der interaktiven Geometrieveränderung des betrachteten Objektes geben.

④ Planung der Therapiedurchführung unter Zuhilfenahme von Funktionen zur Plazierung der chirurgischen Instrumente und zur Anzeige von deren relativer Lage zum biologischen Objekt.

Zur Planung der chirurgischen Maßnahme sollen Funktionen konzipiert werden, die die Berechnung physiologischer Merkmale und die Abbil-

dung der physiologischen Funktionalität des betrachteten Objektes zulassen. Diese sollen dazu dienen, dem Arzt Anhaltspunkte über den ursprünglichen Zustand des betrachteten Objektes zu geben.

Anhand der gefundenen physiologischen Parameter soll dem Arzt während der interaktiven Planung der Therapiemaßnahme eine Hilfe zur
Beurteilung der momentan erfolgten Geometrieveränderung des biologischen Objektes gegenüber dessen ursprünglichem Zustand gegeben
werden. Darüber hinaus sollen geeignete Funktionen, die eine natürliche
und physiologisch sinnvolle Gestaltveränderung zulassen, entworfen
werden.

4.5.4 Roboterunterstützte Therapie

Die einzelnen Anforderungen an die Komponente zur Therapiedurchführung sind:

① Intraoperative Lageerkennung und Korrelation des
biologischen Objektes zum operationsunterstützenden Roboter.

② Generierung eines geeigneten Roboterprogrammes zur Durchführung des geplanten Vorhabens
gemäß dem Therapiedurchführungsplan.

③ Simulation des anstehenden Robotereinsatzes an
den aktuellen Gegebenheiten im OP innerhalb des
Simulationssystems.

④ Durchführung der geplanten Therapie.

Für die Umsetzung des geplanten Eingriffs sollen einerseits Module zur
Lageerkennung des Patienten bezüglich des einzusetzenden Roboters
und zur Korrelation der verwendeten Bezugssysteme erstellt werden.
Andererseits sollen Funktionen zur Generierung eines Roboterprogrammes unter Berücksichtigung der aktuellen Verhältnisse im OP-Saal
und unter Verwendung der Information über die geplante Therapiemaßnahme geschaffen werden.

Die Durchführung der Therapiemaßnahme soll so ablaufen, daß der Arzt
jederzeit genaue Auskunft über die aktuell durchgeführte Roboteraktivität
und über das Fortschreiten der Therapiedurchführung erhält bzw. an-

fordern kann. Selbstverständlich ist auch für die nötigen Sicherheitsmaßnahmen zu sorgen.

4.5.5   Benutzeroberfläche

Vom systemtechnischen Standpunkt betrachtet, ist jedes technische System ein Bestandteil eines übergeordneten Systems, in welchem der Mensch vielfach einwirkt [Beit87]. Das System mit dem sich diese Arbeit beschäftigt, soll als ein Hilfsmittel für den Chirurgen verstanden werden. Die für die menschliche Interaktion vorzusehenden Schnittstellen sollen die Arbeit des Operateurs in klarer und zielorientierter Weise unterstützen. Ein System mit solchen Fähigkeiten kann nur mit Hilfe von modernen Graphik-Rechenanlagen realisiert werden. Deshalb sollen innerhalb einer anwendungsorientierten Benutzeroberfläche die Ein- und Ausgabemöglichkeiten für den routinemäßigen Ablauf konzipiert werden.

Die Benutzeroberfläche soll, ähnlich einem Leitsystem, den Anwender durch den gesamten Ablauf führen. Der Ablauf des Prozesses ist bekannt und für alle Einsätze gleich. Er beinhaltet die oben erwähnten Aktivitäten. Jedoch sollen diejenigen Aufgaben, die von der Systemsteuerung übernommen werden können und keine dringliche Benutzerinteraktion erfordern, für den Benutzer "unsichtbar" sein.

Alle Module und Teilmodule des Systems sollen in einer einheitlich aussehenden graphischen Benutzeroberfläche integriert werden. Die Eingabemedien sollen sich auf ein Minimum beschränken und die Interaktion mit dem System soll selbsterklärend und einfach erfolgen.

Das gesamte System soll aus Gründen der Portabilität an einer UNIX-Workstation unter Verwendung von international anerkannter Softwarestandards implementiert werden. Zur Entwicklung und Herstellung der hardwareunabhängigen, standardisierten Software und deren Schnittstellen in allen Ebenen sollen die von dem MIT[3] herausgegebenen Bibliotheksfunktionen des X-Window-Systems[4] und das darauf aufbauende Softwarepaket zur Programmierung von Benutzeroberflächen

---

[3] MIT: Massachusetts Institute of Technologie, Cambridge, Massachusetts, USA

[4] Das X-Window-System ist ein System zur Implementierung von grafischen Bedienoberflächen.

OSF/Motif[5] verwendet werden. Die Verwendung dieses Standards gewährleistet die Programmierung herstellerunabhängiger und einheitlicher Benutzeroberflächen.

---

[5] Die OSF (Open Software Foundation) ist ein Zusammenschluß aller größeren Rechneranbieter mit Ausnahme von SUN und AT&T. Motif ist eine von der OSF herausgegebene Spezifikation des Aussehens und Verhaltens von Benutzeroberflächen. Das von der OSF kommerziell vermarkte Motif Toolkit ist eine Bibliothek von "C"-Funktionen zum Aufbau von graphischen Benutzeroberflächen, die den Motif-Stilspezifikationen entsprechen.

5 Konzeption und Systementwurf

5.1 Grundkonzeption

5.1.1 3-D Darstellungsverfahren diagnostischer Bildinformation

Bildinformation diagnostischer Geräte wird dem Betrachter in der Regel als Grauwertbild präsentiert. Dieses liegt meist in digitalisierter Matrixform innerhalb der Auswerteeinheit des Diagnostikgerätes vor. Die üblichen Formate sind quadratische Bildmatrizen mit 256 oder 512 Bildelementen, sogenannte Pixel (vom englischen *picture element*). Die verschiedenen Organe und Gewebe lassen sich anhand unterschiedlicher Graustufenregionen, die das menschliche Auge zu erkennen vermag, ausmachen. Jedes Bildelement wird bei den meisten Geräten mit einer Tiefe von 8 oder 12 Bit im Rechner gespeichert. Damit lassen sich prinzipiell 256 oder 4096 unterschiedliche Grauwerte darstellen.

Bei der dreidimensionalen Darstellung diagnostischer Bildinformation kommt es nun darauf an, aus dem gelieferten zweidimensionalen Bildersatz einer Körperregion die interessierenden Strukturen dreidimensional darzustellen. Die wichtigsten Verfahren zur dreidimensionalen Rekonstruktion sind im Bild 5-1 zu sehen. Sie können in flächen- und volumenorientiterte Darstellungen geglidert werden.

Die flächenorientierten Darstellungen entstehen meistens durch Triangulation der Oberfläche vom isolierten Objekt. Ihr Vorteil ist eine erhebliche Datenreduktion und deren schnelle Visualisierung durch die Verwendung von gängigen auf Hardwarebene implementierten Algorithmen (Graphikkarte).

Die volumenorientierten Darstellungen können wiederum in auf einem binären oder Grauwertvolumenmodell basierende Darstellungen unterteilt werden. Ein binäres Volumenmodell entsteht durch Interpolation einer Sequenz, die nach Anwendung eines Schwellwertoperators binär vorliegt. Für die Objektdarstellung werden Voxel[6]- oder Octree[7]-Verfahren verwendet. Die realistischte und detailtreueste Darstellung wird durch Verwendung eines aus der Originalsequenz interpolierten Grauwertvolumenmodells erreicht. Für die Visualisierung werden sogenannte Projektionstechniken[8] verwendet. Alle volumenorientierten Verfahren haben den Nachteil, daß eine erhebliche Rechenzeit notwendig ist, um die gewünschte Ansicht des Objektes darzustellen.

Wie im Kapitel 4 schon erwähnt, unterstützt das hier entwickelte System vor allem chirurgische Eingriffe in der Orthopädie. Die betroffenen Teile des menschlichen Körpers, also Teile des Bewegungsapparates, lassen sich mit der Computertomographie für Knochen und mit der Kernspintomographie für Weichteile am besten erfassen [Styt90]. In der vorliegenden Arbeit wird deshalb die Computertomographie für die Bildgewinnung herangezogen.

5.1.2   3-D Simulationssystem

War die Darstellung von dreidimensionalen technischen Gebilden in Form von Drahtmodellen, die durch eine netzartige Struktur die Oberfläche des Objektes auf einem Vektorgraphikbildschirm wiedergeben wurden, Stand der Technik in den Achtzigerjahren, so stellen heute die aufwendigen Wiedergabetechniken für Rasterbildschirme kein Problem mehr dar. Trotzdem ist die Verwendung von speicherintensiven Volumenmodellen (s. Bild 5-1) zur Visualisierung am Bildschirm nur mit folgenden Einschränkungen möglich [Styt91]:

---

[6] Ein Voxel (vom englischen *volume element)* ist das dreidimensionale Analogon zu Pixel und entsteht durch Unterteilung des Volumenmodells in Quadern deren Randflächen parallel zu den Raumrichtungen ausgerichtet sind.

[7] Ein Octree (vom englischen *octant* und *tree*) ist eine rekursive Unterteilung des Volumenmodells in Oktanten.

[8] Bei der Visualisierung mittels direkter Projektion werden gedachte sichtbare Strahlen verfolgt. Ihre Gesamtheit ergibt die gewünschte Ansicht. Bei der *back-to-front* Projektion werden Strahlen vom jeweiligen Volumenelement zum Betrachter (analog bei der *front-to-back* Projektion) verfolgt. Das *ray tracing* Verfahren versucht die Auswirkungen von Strahlen gedachter Lichtquellen auf das Objekt und dessen Umgebung zu berechnen.

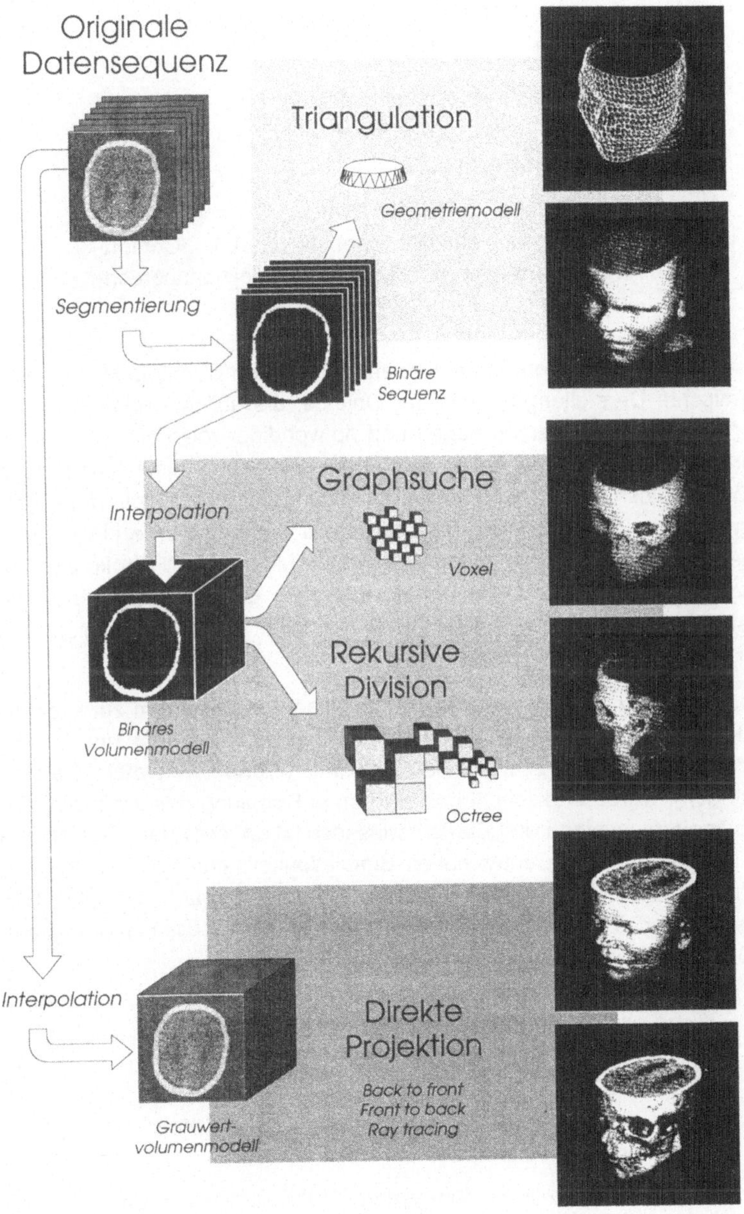

Bild 5-1: *Überblick der wichtigsten Verfahren zur dreidimensionalen Rekonstruktion (nach [Tied87]).*

- Erhebliche Rechenzeit und entsprechende Einbußen an der Echtzeitfähigkeit

- Spezielle Darstellungstechniken, bei denen auf mehrere vorausberechnete Ansichten zurückgegriffen wird

- Verwendung spezieller Hardware, sogenannter Graphikbeschleuniger, oder einzigartiger Computersysteme, die eine direkte Projektionsberechnung auf Hardwareebene zulassen.

Darüberhinaus ist, vom momentanen technischen Standpunkt aus, eine gemischte Darstellung technischer Objekte, die üblicherweise ihren Ursprung in CAD-Systemen haben und notwendigerweise als Geometrien vorhanden sind, und volumenorientierter Repräsentationen nur bedingt möglich. Deshalb und unter Berücksichtigung der im Kapitel 4 formulierten Anforderungen an die dreidimensionale Planung wurde ein flächenorientiertes Simulationssystem ausgewählt. Mit dessen Hilfe können triangulierte biologische Objekte und technische Gebilde wie chirurgische Instrumente, OP-Saal, und sämtliche Hilfsmittel optimal dargestellt und vor allem manipuliert werden.

Im Gegensatz zu den in der Literatur bekannten Lösungen zur roboterunterstützten Chirurgie, bei denen ein Simulationssystem nur für die Operationsplanung zum Einsatz kommt [Kien93, Lava92, Paul92, Wang94], wurde in dieser Arbeit eine enge Kopplung des am Institut für Werkzeugmaschinen und Betriebswissenschaften (iwb) der Technischen Universität München entwickelten Simulationssystems USIS (*U*niversal *S*imulation *S*ystem) [Stett94, Taub90, Woen94, Wrba90] mit dem Teilsystem zur Therapiedurchführung realisiert. Das Simulationssystem USIS leistet u. a.:

- die Beschreibung von geometrischen Gebilden,

- die Modellbildung kinematischer Strukturen,

- die automatische Anordnung von Komponenten und

- die Erstellung, Simulation und Kollisionsüberprüfung von Roboterprogrammen.

Mit diesen Hilfsmitteln kann also ein beliebiges Robotersystem (Geometrie, Kinematik, Dynamik, Steuerung und Programmiersprache) modellhaft simuliert werden (s. Bild 5-2).

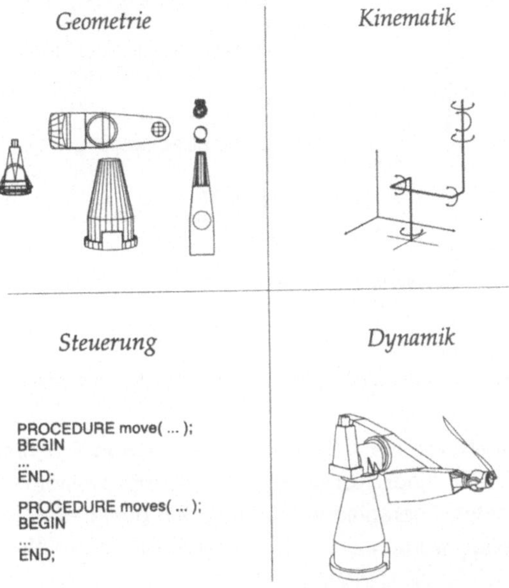

Bild 5-2: Modellierung kinematischer Strukturen im Simulationssystem USIS (nach [Taub90]).

5.1.3   Passive und aktive Hilfseinrichtungen

Technische Systeme, die eine verbesserte Ausführungsgenauigkeit einer geplanten Therapiemaßnahme durch exakte Ziellokalisierung anstreben, können prinzipiell in passive und aktive Einrichtungen klassifiziert werden (s. Bild 5-3).

Passive Einrichtungen sind im Gegenteil zu den aktiven nicht selbst angetrieben. Sie werden vom Operateur bewegt und vermitteln ihm, unabhängig vom physikalischen Prinzip zur Ortung, die Lage des geführten Instrumentes. Die Anbindung einer solchen Einrichtung in ein System zur computerunterstützten Chirurgie beschränkt sich "lediglich" auf die Visualisierung der aktuellen Lage des Instrumentes innerhalb des Simulationssystems nach einer Korrelation der verwendeten Bezugssysteme.

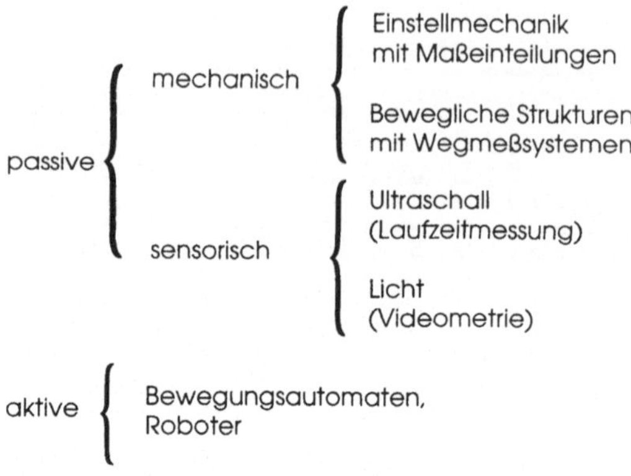

Bild 5-3: Überblick über passive und aktive Einrichtungen.

Dagegen gestaltet sich die Anbindung einer aktiven Einrichtung etwas aufwendiger. Außer einer Korrelation der Bezugssysteme muß, aufgrund der geplanten Therapiedurchführung, ein geeignetes Bewegungsprogramm generiert werden. Die Gestaltung des Programmes muß:

1. die Steuerung der verwendeten medizinischen Instrumente,

2. und die aktuellen Gegebenheiten im OP berücksichtigen.

Für die vorliegende Arbeit steht die Anbindung einer aktiven Hilfseinrichtung im Vordergrund. Aufgrund der modularen Aufbauweise des Systems ist die Anbindung einer passiven Einrichtung prinzipiell vorgesehen und kann mit geringem Aufwand realisiert werden.

5.1.4 Grundkonzept für die Korrelation zwischen Planungsmodell und Realität

Die Hauptaufgabe des computer- und roboterunterstützten Systems ist das exakte Umsetzen der präoperativen Operationsplanung in die Therapie. Wie bereits in Kapitel 4.5.1 erwähnt, ist die Positionsfindung und

Korrelation der OP-Einrichtung mit dem Computermodell eine wesentliche Voraussetzung zur Realisierung dieser Aufgaben. Dies wird durch
Darstellung des Operationsgegenstandes in einem korrelierbaren Bezugssystem realisiert. Der Einfluß des gewählten Korrelationskonzeptes
auf Teile des Gesamtsystems ist im Bild 5-4 zu erkennen und wird in den
nachfolgenden Unterkapiteln erläutert.

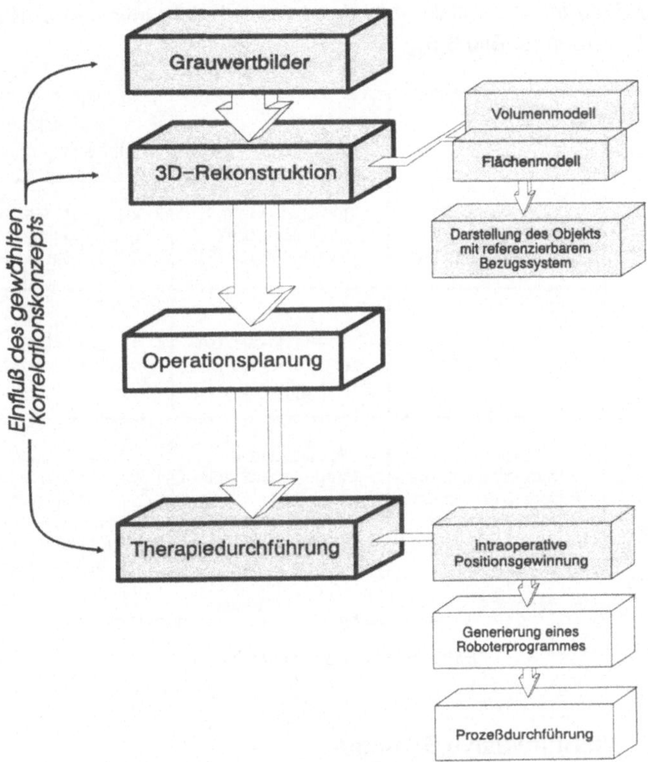

*Bild 5-4: Einfluß des gewählten Korrelationsprinzip auf Teile des
Gesamtsystems.*

5.1.4.1 Darstellung des biologischen Objektes
in einem korrelierbaren Bezugssystem

Wie schon erwähnt, ist das Ziel dieser Arbeit, eine diffizile Operation
möglichst genau zu planen und umzusetzen. Zur Umsetzung ist aber die
Darstellung des biologischen Objektes in einem zur Therapie- und Dia-

gnoseeinrichtung korrelierbaren Bezugssystem in physikalischer und datentechnischer Art notwendig. Damit kann die Positionsbestimmung pathologischer oder zu operierender Strukturen und der einzusetzenden chirurgischen Instrumente in Abhängikeit des Patientenbezugssystems erfolgen. Die Angaben über Position und Lage der chirurgischen Instrumente bleiben also unabhängig von Zeit und Bezugssystem der Diagnoseeinrichtung. Vom klinischen Standpunkt aus können die Lösungsansätze dazu im wesentlichen in invasive und nicht invasive Verfahren unterteilt werden (s. Bild 5-5).

Forderungen bei der:	Referenzring	Referenzmarken	natürliche Objektmerkmale
Bildgewinnung	geeignete Gestalt und Material für die Erkennung im Bild	geeignete Gestalt und Material für die Erkennung im Bild	geeignete Gestalt für die Erkennung im Bild und am Modell
Therapieplanung (Definition eines Bezugssystems)	Ringmorphologie	3D-Gestaltmerkmale der Referenzmarken	Definition von Paßpunkten
Therapiedurchführung (Intraoperative Positionsgewinnung)	Formschluß (Referenzring wird am Patienten an gleiche Stelle wie bei der Aufnahme angebracht)	Auswertung von Röntgenaufnahmen oder manuelle Referierung	Auswertung von Röntgenaufnahmen oder manuelle Referierung

☐ invasive Lösung   ▨ nicht invasive Lösung

Bild 5-5: Korrelationsverfahren.

5.1.4.2 Nicht invasive Systeme

Bei den nicht invasiven Verfahren wird i. allg. ein organorientiertes Bezugssystem verwendet. Das biologische Objekt wird dabei auf seine natürliche Gestaltmerkmale hin untersucht, um anhand der gefundenen und eindeutig reproduzierbaren Merkmale ein Bezugssystem zu definieren.

Zur Korrelation werden Sensorsysteme angewandt, die es erlauben, das biologische Objekt anhand seiner natürlichen Marken in der Lage zu vermessen, ohne daß dafür das Operationsgebiet durch einen chirurgischen Eingriff zusätzlich belastet wird. Als grundsätzliches Prinzip zur Erfassung von Objekten in der Körpertiefe kommt als bildgebendes Standardverfahren das Röntgenverfahren in Frage. Damit ist die Erfassung der gestaltbeschreibenden Konturen möglich.

Dafür werden in [Lava91, Pras90] Verfahren vorgestellt, die auf den gestaltbeschreibenden Umrissen der Knochenstrukturen basieren. Dabei wird das Modell des Operationsgegenstandes, das aus den CT-Daten rekonstruiert wurde, zur Lagebestimmung so aus seiner Generierungslage gedreht, daß es optimal in die mittels Röntgendiagnostik vorgegebene Umrißkonturen paßt. Anschaulich wird die Lage des rechnerinternen Modells zu einer Projektionsebene, die im Rechner der realen Aufnahmeebene des eingesetzten Sensorsystems entspricht, so verändert, daß der Konturvergleich ein Optimum an Übereinstimmung liefert (s. Bild 5-6).

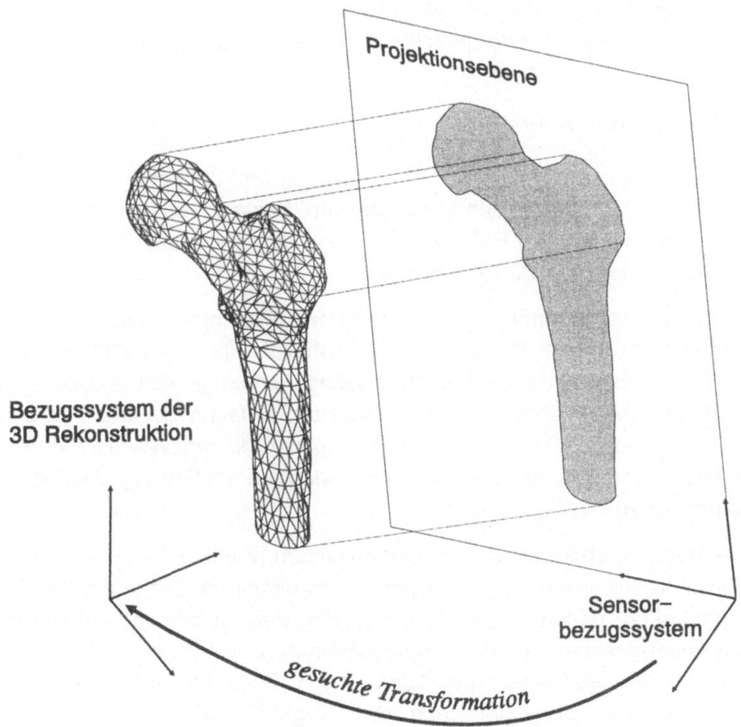

Bild 5-6: Konzept nicht-invasiver Sensorsysteme.

Zum Auffinden der gesuchten Transformation werden off-line berechnete Merkmalsräume "aller" möglichen Projektionen verwendet. Die Aufgabe besteht darin, in dem Merkmalsraum in möglichst kurzer Zeit und mit hoher Genauigkeit die vorhandenen Projektionen zu finden.

Die in der Literatur vorgeschlagenen Systeme zur Korrelation sind sehr rechenintensiv (Berechnung der Merkmalsräume) und bedürfen zur Erzielung hoher Genauigkeit einer Verfeinerung des Grundprinzips. Darüberhinaus ist der Einsatz eines solchen Systems in der Praxis nur unter erheblichem Aufwand bei der Aufbereitung der Röntgenbilder zu realisieren. Wie oben erklärt, sind ermittelte Konturen des betrachteten Objektes Voraussetzung eines solchen Systems. Da aber das Röntgenverfahren sogennante Superpositionsbilder liefert, die bei der Durchstrahlung aller im Sichtfeld übereinanderliegenden Teile des Körpers entstehen [Kres80], ist eine saubere Segmentierung des Objektes nur in einfachen Fällen möglich. Aufgrund dieser Schwierigkeiten und der Tatsache, daß größere Anstrengungen zur technischen Verwirklichung nötig wären, wurde die im folgenden dargestellte invasive Alternative entwickelt.

5.1.4.3 Invasive Systeme

Die Lagezuordnung zwischen OP-Einrichtung und Zielbereich geschieht im wesentlichen durch den präoperativen Einsatz von externen oder internen mechanischen Referenzsystemen, die sich in den nachfolgend aufzunehmenden CT-Bildern abbilden.

Das für das vorliegende System konzipierte Verfahren basiert auf präoperativ eingesetzten Referenzmarken. Ähnlich wie in [Paul92] werden drei Markierungen in den Oberschenkelknochen eingesetzt (s. Bild 5-7). Die Geometrie der Referenzmarken läßt die einfache Bestimmung eindeutiger Punkte zur Definition eines Bezugskoordinaensystems während der Rekonstruktion, der Planung der Therapiedurchführung und deren Ausführung zu.

Die Referenzmarken werden im Gegensatz zu [Paul92] als kleine metallische Stifte mit einem kugelförmigen Kopf ausgeführt. Die durch die Referenzmarken verlaufenden Schnitte, die den einzelnen Aufnahmeebenen entsprechen, ergeben im allgemeinen Kreise, deren Mittelpunkte auf einer Symmetrieachse der Kugel liegen. Betrachtet man die Größe der Kreise, so kann die Lage des Kugelmittelpunktes angegeben werden. Als Hauptstörfaktoren lassen sich:

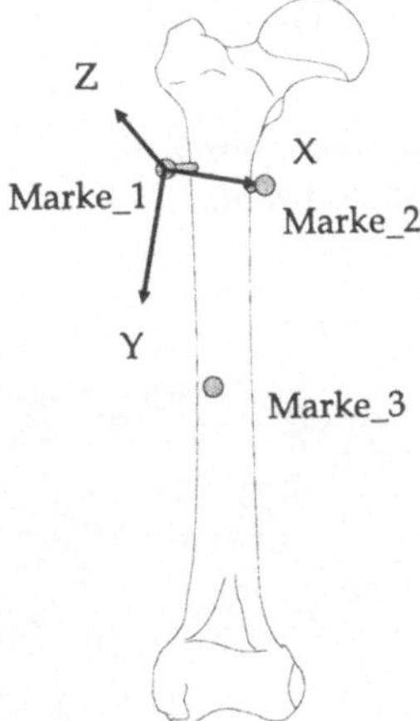

Bild 5-7: Referenzmarken.

- das Auflösungsvermögen des Computertomographen,

- die endliche Dicke der Aufnahmeschicht,

- die Tendenz von Metall, Artefakte[9] zu bilden sowie

- die Eigenschaften des kantendetektierenden Algorithmus bei der Bildverarbeitung

nennen [Buch93, Ekst93]. Unter Verwendung von Methoden zur Fehlerminimierung und der Festlegung der Markengeometrie zusammen mit den Aufnahmeparametern[10] vom CT-Gerät kann die Lage der Kugelmittelpunkte bei der Rekonstruktion mit einer Genauigkeit höher als ±0.5 mm festgelegt werden.

---

[9] Artefakte sind Bildstörungen (in der Diagnosetechnik), deren Ursache in der Physik, in der Gerätetechnologie oder auch in Patienteneinflüssen zu finden ist [Kres80].

[10] Zu den Aufnahmeparametern zählen u.a. der Tischvorschub, die Dicke der Schichten und die Röntgendosis.

5.2   Gesamtsystem zur computer- und roboterunterstützten Chirurgie

Im Bild 5-8 ist das Prinzip des entwickelten Systems dargestellt, das im folgenden skizzenhaft erläutert wird.

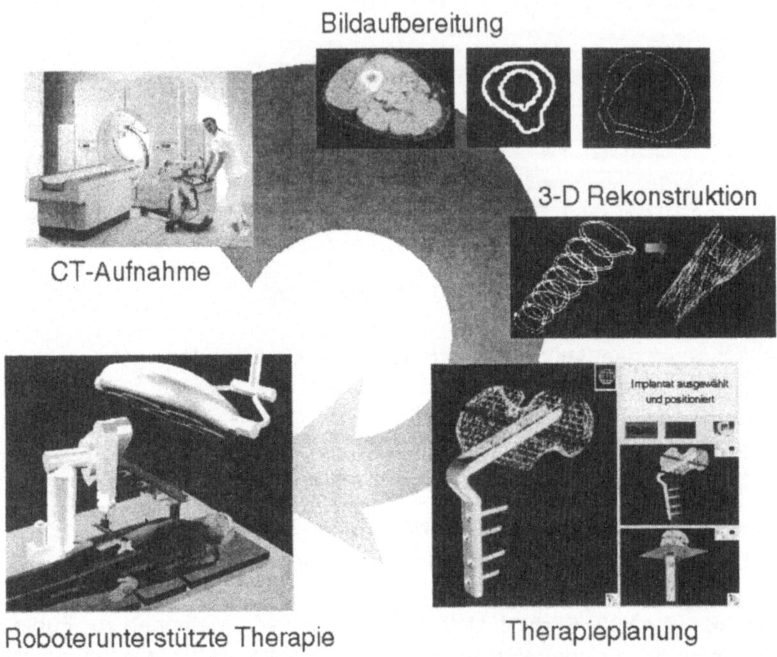

Bild 5-8: Prinzipbild des entwickelten Systems.

Aus den von dem CT-Gerät gelieferten Grauwertbildsequenzen werden mit Hilfe von Bildverarbeitungsverfahren die objektbeschreibenden Konturen extrahiert. Diese werden anschließend durch Polygone approximiert und der Zwischenraum zwischen aufeinanderfolgenden Schichten wird durch Anwendung eines Triangulationsverfahrens, das geeignet angeordnete Dreiecke zwischen diesen Konturen bildet, geschlossen. Die Gesamtheit der verbindenden Polygone stellt dann die Oberfläche des Objekts dar.

Für die Planung einer Umstellungsosteotomie werden zunächst verschiedene anatomische Parameter wie Schaftachse, Halsachse, Knieachse und Rotationsmittelpunkt des Femurkopfes berechnet. Die Funktion des Hüftgelenkes wird mit deren Hilfe am Bildschirm simuliert. Dadurch kann eine anatomisch und biomechanisch sinnvolle neue Stellung interaktiv ermittelt werden. Hierzu wird in jedem Arbeitszyklus die durch den jeweils erfolgten Eingriff erhaltene neue Knochenform angezeigt. Die erforderliche operative Maßnahme ergibt sich automatisch aus der neuen Femurstellung. An der neuen Stellung des Knochens kann das am besten geeignete Implantat ausgesucht werden.

Steht die optimale Vorgehensweise einer geplanten Umstellungsosteotomie fest, muß die Durchführung mit medizinischen Instrumenten geplant werden. Dazu werden Modell und Funktion der vorhandenen Instrumente generiert und in das Simulationssystem übertragen. Die Einsatzweise des Roboters wird implizit durch die Einsatzplanung der chirurgischen Instrumente festgelegt. Dabei werden Positionsangaben relativ zu einem durch Referenzmarken definierten Referenzkoordinatensystem abgelegt, so daß die Generierung eines vom Roboterbezugskoordinatensystem unabhängigen Programms möglich ist.

Um das erstellte Roboterprogramm an die aktuelle Lage des Patienten während der Operation anpassen zu können, muß das Roboterbezugs- und das Referenzsystem des Gewebes im Planungsmodul miteinander korreliert werden. Hierzu muß die Transformation berechnet werden, die ein System in das andere überführt. Diese Transformation wird während der Operation anhand von Referenzmarken sensorisch ermittelt. Die Referenzmarken werden vor der CT-Aufnahme im Oberschenkelknochen verankert. Der optische Sensor wird über eine vom Roboter gehaltene Referenzplatte kalibriert. Nach der Kalibrierung ist die Position der Referenzmarken im Roboterkoordinatensystem bekannt. Die Referenzmarken erscheinen auch auf dem CT-Bild und dem rekonstruierten Objekt, so daß die Lage der Resektionsebenen nach der Korrelation im Roboterkoordinatensystem bekannt ist.

Bei der Durchführung der Therapie wird ein Modul verwendet, das einerseits die übergeordnete Kommunikation zur Steuerung des Roboters übernimmt. Andererseits ist das Modul in der Lage, mit dem Simulationssystem zu kommunizieren, um die Arbeitsschritte des Roboters in der simulierten OP-Umgebung zu visualisieren. Damit ist der Arzt in der Lage, das festgelegte Vorgehen des Roboters vor jedem Arbeitsschritt zu kontrollieren. Bild 5-9 bietet eine detaillierte Übersicht des Grundkonzepts.

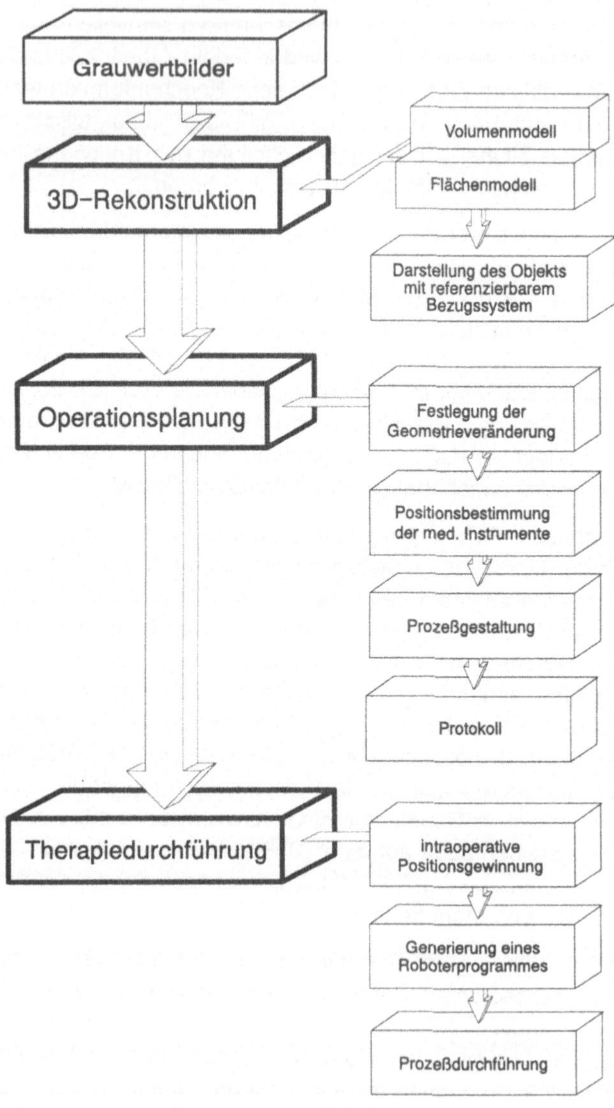

Bild 5-9: Grundkonzept im Detail.

6 Teilsystem zur Rekonstruktion

Das Ziel dieses Teilsystems ist, neben der Visualisierung der CT-Aufnahmen, die Extraktion der objekt-beschreibenden Konturen nach der Segmentierung und die Erstellung eines Oberflächenmodells für die Simulation anhand der gefundenen Konturen.

6.1 Visualisierung von CT-Sequenzen

Die Computertomographie ist ein spezielles Röntgenschichtaufnahmeverfahren, das sich im Bildaufbauprinzip grundsätzlich von den klassischen Röntgenschichtaufnahmeverfahren unterscheidet. Sie liefert primär Transversalbilder, d.h. Abbildungen von Körperschichten, die im wesentlichen senkrecht zur Körperlängsachse orientiert sind (s. Bild 6-1).

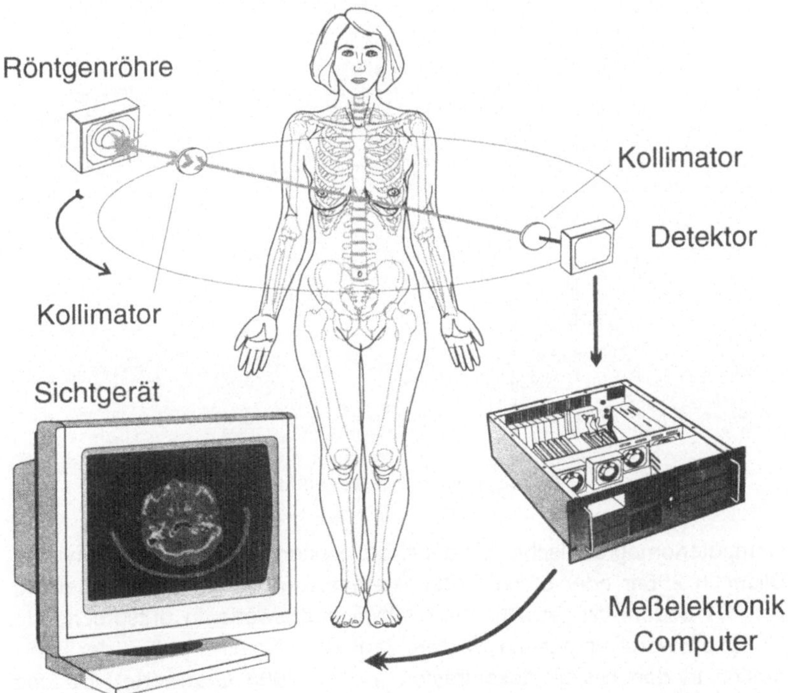

Bild 6-1: Das Verfahren der Computertomographie (nach [Krest80]).

43

Im Gegensatz zu den Superpositionsbildern der klassischen Röntgen-
aufnahmetechniken liefert die Computertomgraphie nur Informationen
über die interessierende Schicht. Dieses von Überlagerungen freie Bild
wird als Substitutionsbild bezeichnet.

Nach einer Aufnahme berechnet der Computer eine der Objektschicht
entsprechende zweidimensionale Schwächungswerteverteilung als Bild
der Schicht, wobei stark schwächenden Objektbereichen hohe und
gering schwächenden Objektbereichen niedrige Zahlenwerte zugeordnet
sind. Dieser Schwächungswert wird in der mit dem Schwächungs-
koeffizient von Wasser normierten Houndsfield Skala (Einheit HU) angegeben (s. Bild 6-2). Ihr Wertebereich bewegt sich zwischen -1024 HU
und +3071 HU (bzw. von 0 bis +4095, um negative Zahlen zu
vermeiden), wobei Knochengewebe die Werte zwischen +1000 und
+3000 einnehmen kann.

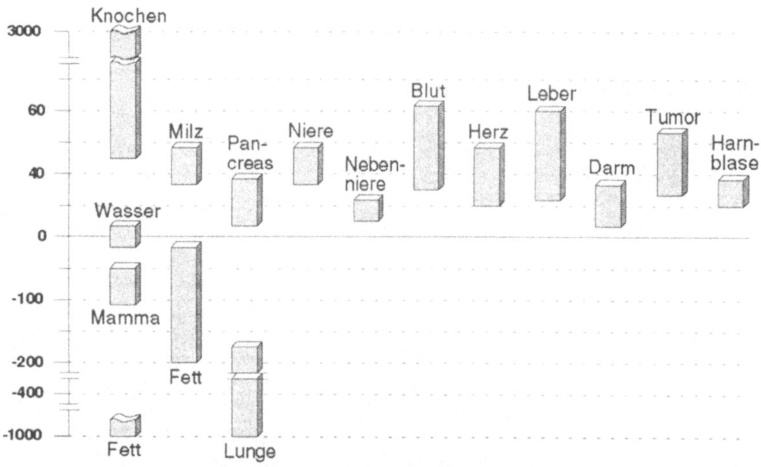

Bild 6-2: Houndsfield Skala [Kres80].

Computertomographische bildgebende Systeme liefern üblicherweise
Bilder in 256er oder 512er Bildpunktematrizen. Da bei der Darstellung
von CT-Bildern die errechneten Schwächungswerte in entsprechende
Helligkeitswerte umgesetzt werden, liegt ein wesentlicher Teil der Infor-
mation in den Helligkeitskontrasten (i. allg. 4096 Grauwerte). Da das
Auge im Normalfall etwa nur 100 Helligkeitsunterschiede an einem Bild-

schirm erkennen kann, wird zur Darstellung kleinerer Dichteunterschiede die sogenannte Bildfensterung (Kontrastaufspreizung) angewandt. Hier wird nur ein Teil der CT-Zahlenskala ausgewählt und über alle Helligkeitswerte zwischen schwarz und weiß aufgespreizt (s. Bild 6-3). Dabei erscheinen alle CT-Werte oberhalb des Fensters schwarz und alle CT-

Werte unterhalb des Fensters weiß. Die Änderung des Bildfensters in der Lage als auch in der Breite ermöglicht dem Arzt, am gleichen Bild mehrere Fragestellungen zu beantworten [Alex85, Kres80, Seeb91].

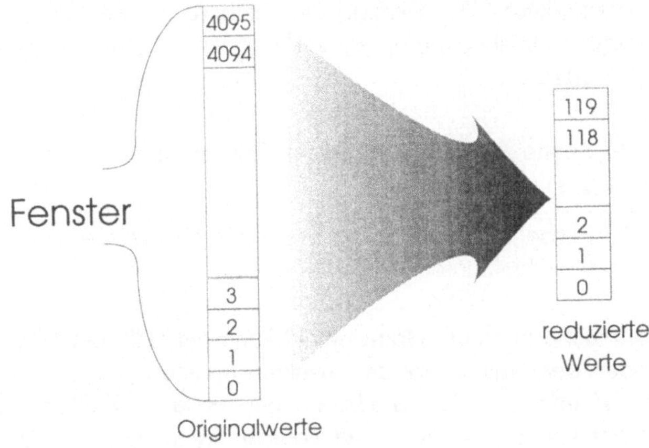

Bild 6-3: Bildfensterung.

6.2   Bildauswertung für die Diagnose

Die primäre Aufgabe des Teilsystems zur Rekonstruktion ist die Gewinnung eines 3D-Objektes. Daher kommt der interaktiven diagnostischen Bildauswertung innerhalb des Systems nur eine sekundäre Bedeutung zu. Sie ist jedoch, wie die Erfahrung gezeigt hat, unverzichtbar, wenn Interaktionen zur Konturenfindung erforderlich werden. Eine Darstellung der implementierten Auswerteverfahren findet sich im Kapitel 9.

6.3   Extraktion von Konturen

Bei den vorliegenden Aufnahmen eines Computertomographen soll zwischen Knochengewebe und anderen Gewebearten differenziert werden können. Die unterschiedlichen Helligkeitswerte bei den CT-Aufnahmen bilden die charakteristischen Eigenschaften der Gewebearten. Eine eindeutige Zuordnung zwischen den einzelnen Organen bzw. Geweben und ihren Helligkeitswerten in der Houndsfield-Unit-Tabelle ist, wie im Bild 6-2 dargestellt, selten möglich.

Die Objektextraktion (Bestimmung der Bildbereiche der CT-Bilder, die zum gesuchten Objekt gehören) kann prinzipiell auf zwei Wegen erreicht werden [Haro92]:

1. Suche nach geschlossenen Objektkonturen in den Grauwertbildern oder

2. Bildsegmentierung und anschließende Suche der die Objektbereiche einschränkenden Konturen.

Die Kontursuche in einem Grauwertbild kann mit Hilfe der Extrema der ersten oder der Nullpunkte der zweiten Ableitung seiner Grauwertfunktion[11] g erfolgen. Der Gradient einer skalaren Funktion gibt die Richtung des stärksten Funktionsanstiegs an. Bildet man den Gradienten der Grauwertfunktion $g(x,y)$ d. h.

$$\operatorname{grad} g(x,y) = (g_x, g_y),$$

so erhält man einen Vektor, der senkrecht zur Kontur an der Stelle (x,y) steht, falls der Gradient verschieden von dem Nullvektor ist. Anderenfalls ist die Umgebung des Punktes (x,y) homogen bzgl. der Grauwerte. Stellt man sich die Grauwertfunktion $g(x,y)$ als Höhenfunktion vor und bildet den Gradienten $\operatorname{grad} g(x,y)$ und dessen Länge $d(x,y)$, d. h.

$$d(x,y) := \sqrt{g_x^2 + g_y^2}$$

---

[11] Die Grauwertfunktion ordnet jedem Punkt eines Bildes einen Grauwert zu. Eine exakte Definition findet sich im Kapitel 0.

so kann die neu entstandene Funktion d wieder als Höhenfunktion inter-
pretiert werden, die an jeder Stelle (x, y) verschieden von Null ist, an der
die Funktion $g(x, y)$ eine Flanke aufweist (Im Bild 6-4 oben rechts entspricht der jeweils dargestellte Grauwert der Länge d an der Stelle
(x, y)).

Das auf diese Weise entstandene "Gebirge" repräsentiert die Konturen
der im Grauwertbild enthaltenen Regionen. Da die Breite der so entstandenen Konturen von der Ausdehnung der Flanke der Grauwertfunktion
$g(x, y)$ abhängig und i. allg. größer als ein Punkt ist[12] (s. Bild 6-4 oben
rechts), sind Verdünnungsalgorithmen notwendig, die die Konturbreite
bis auf einen Punkt reduzieren. Die Kontursuche mit Hilfe der Extrema
des Gradienten liefert in der Regel unterbrochene Konturen. Diese Eigenschaft wird durch die Verdünnungsalgorithmen weiter verstärkt, so
daß am Ende der Kontursuche Kantenschlußalgorithmen eingesetzt werden müssen. Kantenschlußalgorithmen können jedoch nur als Heuristiken realisiert werden und führen deshalb oft zu falschen Kanten-
zuordnungen.

Anstatt die Extrema der ersten Ableitung zur Kontursuche heranzuzie-
hen, können die Nullpunkte der zweiten Ableitung der Grauwerte betrachtet werden. Der Vorteil dieser Vorgehensweise im Vergleich zur
Gradientenmethode liegt in der "Lokalisierung" des Konturverlaufs, was
die Verdünnungsalgorithmen überflüssig macht. Dabei nutzt man den
Laplaceoperator der Funktion $g(x, y)$:

$$\Delta g(x, y) = g_{xx} + g_{yy}$$

oder den Laplaceoperator angewendet auf die Faltung der Funktion g
mit z. B. der Gaußfunktion, die vorerst hochfrequente Signalschwankun-
gen unterdrückt. In der Praxis liefert diese Methode zwar oft geschlossene, aber nicht dem Objekt entsprechenden Konturen, da hier die Diskretisierungsfehler eine große Rolle spielen (s. Bild 6-4 unten links).

Der zweite Weg der Objektextraktion in CT-Grauwertbildern beruht darauf, daß zunächst die Segmentierung durchgeführt wird. Unter der Seg-

---

[12] Aufgrund der endlichen Größe der Abtastelemente und des Brennflecks (Strahlenquelle)
des CT-Gerätes und des damit verbundenen Mittelungseffekts verwischen insbesondere die
Kanten von Objekten im Bild, so daß sich diese auf mehreren Bildpunkten verteilen.

mentierung wird hier die Zerteilung des Grauwertbildes in disjunkte Bereiche verstanden, die jede entstandene Region (Bildbereich) einem biologischen Objekt zuordnet.

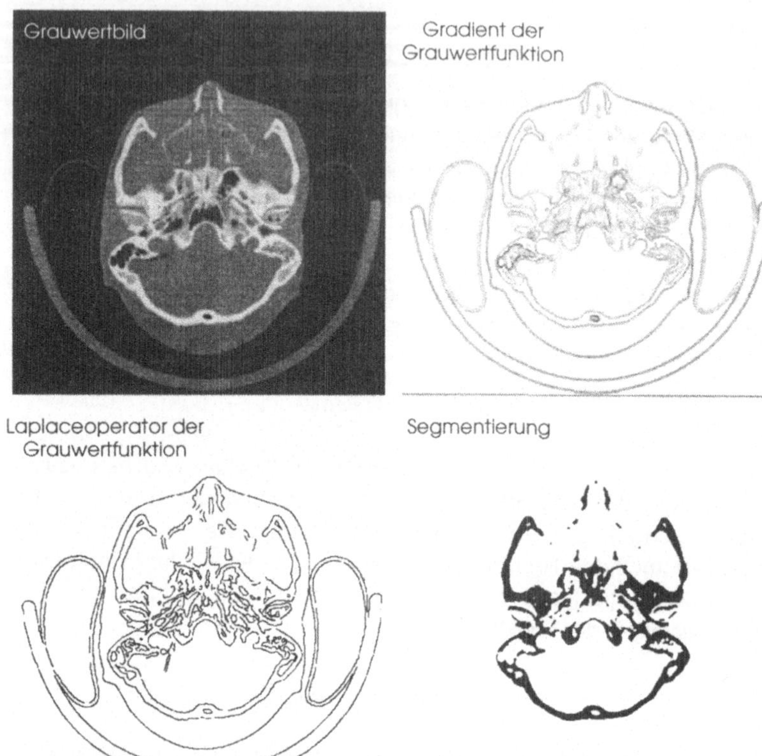

*Bild 6-4: Kontursuche im Bild mit dem Gradienten (o. rechts) bzw. dem Laplace-
operator (u. links) der Grauwertfunktion und der Segmentierung (u. rechts).*

Im Falle der CT-Bilder läßt sich der einfache Schwellwertoperator für die
Segmentierung einsetzen (s. Bild 6-4 unten rechts). Für spätere Be-
rechnungen sind Konturen notwendig, die die bei der Segmentierung
gefundenen Objektregionen umschließen. Durch eine geeignete Kontur-
definition (gerichtete, geschlossene Konturen) wird eine eindeutige Darstellung der Objektregionen erreicht und gleichzeitig die Möglichkeit für
die schnelle Konvertierbarkeit der Regionen in sie umschließende Konturen und umgekehrt geschaffen.

Die in der Literatur mehrfach vorgeschlagenen Systeme zur Konturextraktion zeichnen sich durch eine hohe Interaktion aus. Dies liegt einerseits an den oben genannten Gründen (im Fall 1), andererseits aber an einer mangelhaften Definition einer Kontur, die deren Ermittlung im segmentierten Bild erschwert (Fall 2). Die im Kapitel 0 erläuterten Definitionen stellen das Grundgerüst für das innerhalb dieser Arbeit implementierte Rekonstruktionssystem dar und erlauben eine absolut zuverlässige Konturfindung und Rekonstruktion, die ohne weitere interaktive Eingaben auskommt.

6.3.1 Segmentierung

Wie im folgenden Kapitel noch genauer beschrieben, basiert die implementierte Konturenextraktion auf einer Regionendetektion mit anschließender Kontursuche. Ziel der Regionendetektion ist es, aus einem Bild mit verschiedenen Inhaltselementen nur die erwünschten herauszufiltern. Diese Aufgabe übernimmt die Segmentierung, die die Bildsequenz (B_i) anhand des Grauwertfensters $\left(\left[g_{O\min}, g_{O\max}\right]\right)$ des Objektes in eine Schwarzweißbildsequenz wie folgt abbildet:

$$\forall\ (x,y) \in B_i\ :\ g_i(x,y) := 0 \quad , falls\ \ g_{O\min} \le g(x,y) \le g_{O\max}$$

$$g_i(x,y) := g_{\max}, sonst$$

Für die automatische Bestimmung der unteren $\left(g_{O\min}\right)$ und oberen $\left(g_{O\max}\right)$ Schwelle des Grauwertfensters sind

- die Schwellenbestimmung mit Hilfe der Extrema im Grauwerthistogramm und

- die dynamische Schwellenbestimmung

aus der Literatur bekannt. Diese liefern wegen der nicht eindeutigen Zuordnung der Houndsfield-Units zu den unterschiedlichen Gewebearten und aufgrund des mittelnden Effektes des Computertomographen [Alex85] keine zuverlässigen Resultate. Außer den verwischten Gewebeübergängen bereitet der von den Geräteeinstellungen abhängende Kontrast der Aufnahmen zusätzliche Schwierigkeiten, die eine allgemein gültige automatische Problemlösung nahezu unmöglich machen. Aus diesen Gründen wurde auf eine automatische Segmentierung verzichtet und eine interaktive Festlegung der Schwellen vorgesehen.

Eine aufgrund eines festgelegten Grauwertfensters durchgeführte Segmentierung erfüllt nicht immer die Erwartungen der 3-D-Rekonstruktion. Sei es, weil vernachlässigbare Oberflächenelemente berücksichtigt oder wichtige Feinheiten übergangen wurden. Deshalb hat der Benutzer die Möglichkeit, die berechneten Regionen und Konturen nach Belieben nachzubearbeiten (s. Kapitel 9).

6.3.2 Konturenextraktion

Die konkrete Aufgabestellung bei der Konturextraktion läßt sich wie folgt formulieren. Aus den Grauwertbildern $B_1, \ldots, B_n$ finde man die dem gesuchten Objekt gehörende Regionen $\overline{R}_i$ und die dazu gehörenden Innen- und Außenkonturen:

$$\forall\ 1 \leq i \leq n\ \ \overline{R}_i := \left\{ (x,y) \mid (x,y) \in B_i \wedge g_{O\min} \leq g(x,y) \leq g_{O\max} \right\}$$

Dabei ist $\overline{R}_i$ eine i. allg. nicht zusammenhängende Region, die in diesem Falle aus endlich vielen zusammenhängenden Regionen besteht.

Mit der vorangegangen Segmentierung beschränkt sich die Konturextraktion auf die Kontursuche im Schwarzweißbild. Dazu wird ein Konturverfolgungsalgorithmus verwendet. Seine Effizienz hängt im wesentlichen von einer wohl formulierten Definition einer Kontur ab. Sie gibt also die Arbeitsinhalte der Konturverfolgung an, so daß eine lückenlose Definition auch eine lückenlose Konturverfolgung zur Folge hat.

Mit den Begriffen (s. Kapitel 0) der Rechtsmenge $R(p_{i-1}, p_1, p_{i+1})$, der Kettencode $c(p_i, p_{i+1})$ und der 8er Nachbarschaft $N_8(p)$ läßt sich eine linksorientierte, geschlossene und kreuzungsfreie Kontur als eine nicht leere, minimale Punktefolge $p_1, \ldots, p_n$, $n \geq 1$, $\forall\ 1 \leq i \leq n\ p_i \in B \wedge g(p_i) = 0$ mit folgenden Eigenschaften beschreiben:

1. $\forall\ 2 \leq i \leq n\ \ p_i \in N_8(p_{i-1})$ *Zusammenhang*

2. $p_1 = p_n$ *Geschlossenheit*

3. $c(p_1, p_2), \ldots, c(p_{n-1}, p_n)$ *ist linksorientiert*   *Linksorientierung*

4. $\begin{aligned} &\forall\ 1 \leq i < n, \\ &\forall\ p \in R(p_{i-1}, p_i, p_{i+1}) \wedge\ g(p) = g_{\max} \end{aligned}$ *Randzugehörigkeit*

Die erste Eigenschaft sorgt dafür, daß die Kontur eine zusammenhängende Objektpunktefolge ist. Die Geschlossenheit der Kontur wird durch die zweite Eigenschaft garantiert. Die dritte stellt sicher, daß es sich um eine Linkskontur handelt, d. h. daß die Orientierung einer Außenkontur entgegen und einer Innenkontur mit dem Uhrzeigersinn übereinstimmend ausgerichtet ist. Daß eine Kontur nur aus Randpunkten einer Region besteht und keine Punkte enthält, deren Nachbarpunkte ausschließlich Objektpunkte sind, gewährleistet die letzte Eigenschaft (s. Bild 6-5).

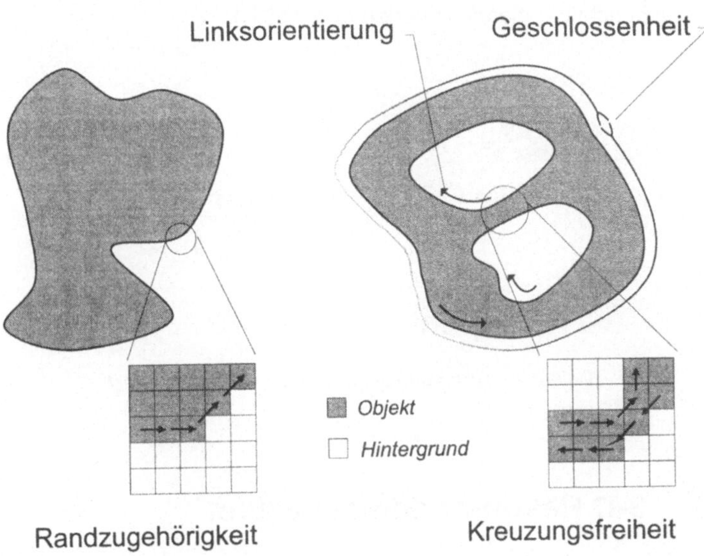

Bild 6-5: Darstellung von linksorientierten geschlossenen und kreuzungsfreien Konturen.

Mit den formulierten Definitionen und Eigenschaften läßt sich ein rekursiver Konturverfolgungsalgorithmus implementieren, der alle im Bild vorkommenden Regionen nach Außen- und Innenkonturen durchsucht.

Der Startpunkt (x_s, y_s) für Außenkonturen wird nach folgendem Prinzip ermittelt: Die Suchregion wird beginnend bei der untersten Zeile und in jeder Zeile jeweils bei der linkesten Spalte durchlaufen, bis die gesamte Region durchsucht oder der erste Objektpunkt (x, y) erreicht wurde. Im letzteren Falle ist der Startpunkt $(x_s, y_s) = (x, y)$.

Bei den Innenkonturen wird die Suchregion ähnlich durchsucht, jedoch wird anstatt nach dem ersten Objektpunkt, nach dem ersten Hintergrundpunkt gesucht. Falls er gefunden wurde, so ist der Startpunkt $(x_s, y_s) = (x - 1, y)$.

Für die Bestimmung des Nachfolgers vom Startpunkt wird abhängig von der Art der Kontur ein Suchzeiger definiert, der durch Rotation gegen den Uhrzeigersinn den nächsten Nachfolger angibt. Die Suche ist dann beendet, wenn der Startpunkt wieder erreicht wurde und der Nachfolgekonturpunkt des Startpunkts gleich dem Nachfolger des aktuellen Punktes ist. Diese zweite Bedingung sorgt dafür, daß Einschnürungen beim Startpunkt richtig behandelt werden (s. Bild 6-6).

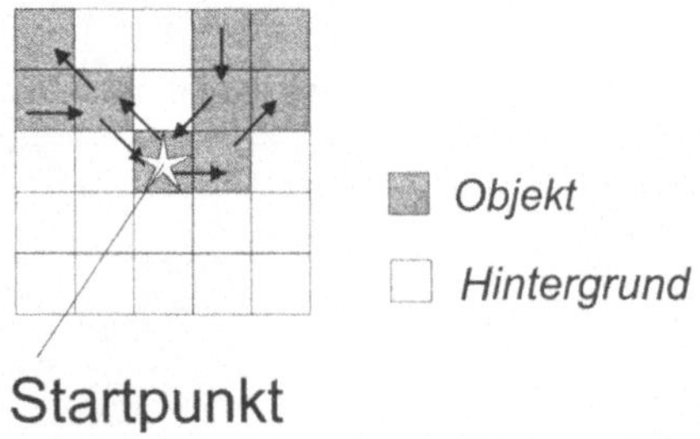

Bild 6-6: Einschnürung der Suchregion beim Startpunkt.

6.4   3-D Rekonstruktionssystem

Für die Darstellung biologischer Strukturen mittels Triangulation benachbarter Konturen (s. Bild 6-7) existieren bereits verschiedene Techniken, die ein mehr oder weniger automatisiertes Vorgehen zulassen [Bois88, Fuch77, Kepp75, Pra90, Stev93, Tönn83]. Diese behandeln u. a. Probleme wie

- Glättung der Konturen,

- Datenreduktion,

- Zuordnung der Konturen benachbarter Schichten,

- Erzeugung von Dreiecksstrukturen.

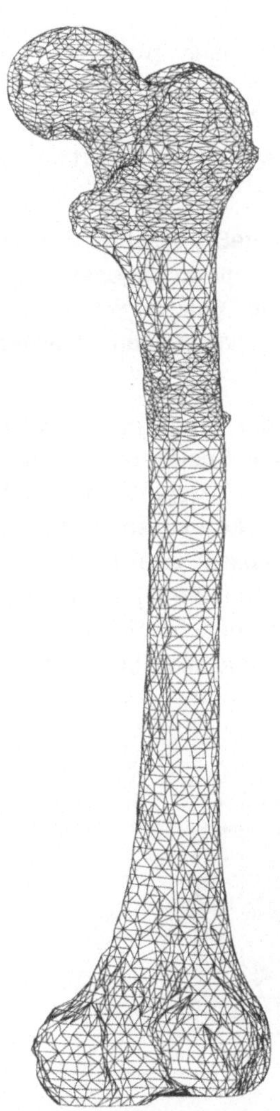

Bild 6-7: Trianguliertes Objekt.

Für die Zuordnung der Konturen benachbarter Schichten und für die anschließende Triangulation existieren jedoch nur Heuristiken, die im Fall komplexer oder sich verzweigender Strukturen Schwachpunkte aufweisen. Dadurch kann ein automatischer Ablauf der Rekonstruktion selten gewährleistet werden.

Die Extraktion der Objektoberfläche direkt aus einem Volumenmodell des Objektes benötigt im Gegenteil dazu keine Heuristiken und erlaubt dadurch einen von Benutzerinteraktionen freien Ablauf.

Zwei unterschiedliche Möglichkeiten sind aus der Literatur bekannt, um dieses Problem zu lösen. Die erste geht von einem Binärvolumen aus und basiert auf dem Prinzip der Oberflächenverfolgung (z. B. [Gord89]). Hier wird die Volumenobjektoberfläche aus der Menge der Voxelseiten extrahiert. Dies bedeutet, daß man nur sechs unterschiedliche Orientierungen für die Oberflächennormalen zur Verfügung hat, was für eine schattierte Darstellung nicht ausreichend ist. Der zweite Nachteil dieser Methode ist ihre Einschränkung auf ein binäres Volumenmodell.

Der zweite Ansatz zur Oberflächenextraktion ist der "Marching Cubes"-Algorithmus ([Lore87]), der von einem Grauwertvolumen ausgeht. Dem Algorithmus liegt die Überlegung zugrunde, daß die Objektoberfläche einen "Cube" (ein Quader bestehend aus 8 Nachbarvoxeln) nur auf 256 unterschiedliche Fälle schneiden kann. Das resultiert daraus, daß nur 256 Zuordnungsmöglichkeiten der acht Voxel zum Objekt oder Hintergrund existieren ($2^8 = 256$). Jede der 256 möglichen Oberflächeschnitte lassen sich für eine so genannte Lookup-Tabelle vorberechnen, die eine rasche Abarbeitung erlaubt. Die Objektoberfläche kann nur dann zwischen zwei Voxeln aus dem Cube verlaufen, wenn die Voxeln zu unterschiedlichen Räumen gehören (Hintergrund oder Objekt). Die Zugehörigkeit der Voxel zum Objekt oder zum Hintergrund ist bekannt, wenn der Grauwert für die Oberfläche gegeben ist.

In das hier beschriebene System wurde der in [Lore87] beschriebene Algorithmus implementiert und an das Gesamtkonzept so angepaßt, daß ausgehend von den ermittelten Konturen und der Grauwertinformation eine interaktionsfreie Rekonstruktion des zu behandelnden Objektes möglich ist.

Die Verwendung der Konturen zusammen mit der Grauwertinformation erlaubt eine effiziente Handhabung hinsichtlich des Speicherbedarfs und eine einfache Möglichkeit, um den Verlauf der Objektoberfläche durch den Benutzer direkt zu beeinflussen. Eine Datenreduktion kann durch die Vergrößerung der Ausmaße der verwendeten Voxeln erreicht werden. Die Zugehörigkeit der Voxeln wird im Gegenteil zu [Lore87] anhand der ermittelten Konturen bestimmt. Der Oberflächenverlauf zwischen zwei Voxeln wird anhand ihrer Grauwerte mittels Interpolation bestimmt (s. Bild 6-8).

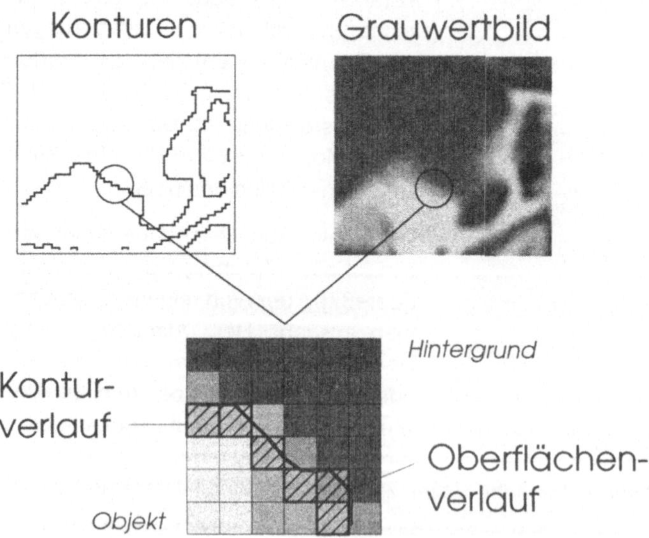

Bild 6-8: Oberflächenextraktion mit Hilfe der Grauwertinformation.

7   Teilsystem zur Planung der Therapie und deren Durchführung

Eine vollständige Beurteilung der bestehenden Verhältnisse des zu operierenden Gegenstandes ist die Grundlage für die Ermittlung der richtigen Indikation. D. h., daß die Gründe, durch die eine bestimmte Heilmethode angezeigt ist, durch den Operateur erfaßt werden müssen. Dazu werden die rekonstruierten Objektmodelle verwendet, die mit Hilfe eines dreidimensionalen graphischen Computersimulationsystems dargestellt werden. Nachdem der Arzt sich eine Vorstellung über die bestehenden Verhältnisse verschafft hat, kann er eine Veränderung planen. Im Fall der intertrochanteren Femur-Umstellungsosteotomie sollen folgende Parameter bei der Therapieplanung festgelegt werden:

- welche räumlichen Winkel der Geometrie des Femurs zu verändern sind,

- die Lage der Schnittebenen, die zu der gewünschten Korrektur führen und

- das benötigte Osteosynthesematerial, das die Knochenheilung durch operative Vereinigung von Knochenfragmenten unterstützt.

Gegenstand der Planung der roboterunterstützten Therapiedurchführung ist:

- die Auswahl der benötigten chirurgischen Instrumente und

- deren Einsatzplanung.

Nach einer Analyse der herkömmlichen Operationsplanung und in Zusammenarbeit mit praktizierenden Orthopäden wurden die im Kapitel 4 formulierten Anforderung an das Teilsystem zur Planung umgesetzt.

7.1   Analyse der herkömmlichen Operationsplanung

Bei der intertrochanteren Umstellungsosteotomie wird, im Gegensatz zu der subtrochanteren Osteotomie, ein Knochenkeil zwischen den beiden Trochantern entnommen und das Femur anschließend wieder zusammengesetzt (s. auch Kapitel 4.1).

Dem Chirurgen stehen bei der Operation mehrere Umstellungsmöglichkeiten zur Verfügung (s. Bild 7-1). Meist kann jedoch das gewünschte Ergebnis nur durch die gezielte Kombination der möglichen Korrekturen erhalten werden.

Zunächst erfolgt eine Durchtrennung des Femurs zwischen den Trochantern. Entsprechend der gewünschten Änderung wird ein geeigneter Keil von einem Teil des Femurs entfernt. Anschließend werden die beiden Femurstücke durch Verschieben und Verdrehen in die richtige Position gebracht und mit entsprechenden Hilfsmitteln in dieser Lage fixiert. Einige der wichtigen, bei der Operation zu berücksichtigenden Kriterien, sind:

- Die geometrische Gestalt des Femurs stellt den Ansatzpunkt für eine nötige Korrektur dar.

- Bedingt durch den Eingriff verändert die Manipulation der Hebelverhältnisse am Femur und am Beckenknochen die Kraftverhältnisse bei der Bewegung des Beines und damit die Leistungsfähigkeit der Muskulatur.

- Durch die Veränderung des CCD-Winkels kann sich eine Verlängerung bzw. Verkürzung des Beines ergeben.

- Eine Veränderung des Antetorsionswinkels kann zu einer O- oder X-Beinfehlstellung führen.

- Der Überdachungsgrad des Hüftkopfes durch die Hüftpfanne, das heißt der Anteil der tragenden Gelenkflächen, stellt ein wesentliches Bewertungskriterum dar.

Das Zusammenwirken von Sehnen, Muskeln und Bändern ermöglicht dem gesunden Menschen die gewohnte Bewegung von Armen und Beinen. Dabei wird gezielt die Hebelwirkung zur effektiveren Nutzung der Muskelkraft eingesetzt. Speziell für das Bein stellen die beiden Trochanter des Femurs wichtige Ansatzpunkte für die Beinmuskulatur dar. Eine Umstellungsosteotomie führt zwangsweise zu einer Lageveränderung dieser Ansatzpunkte, was eine Änderung der Hebelverhältnisse bezüglich des Drehmittelpunktes im Hüftgelenk nach sich zieht. Eine Lockerung oder Straffung der Bänder ist die Folge. Eine Versetzung der Bänder ist nicht möglich, da abgetrennte Bänder nicht mehr am Knochen fixiert werden können. Nur durch Versetzung der Trochanter können die Hebelverhältnisse korrigiert werden.

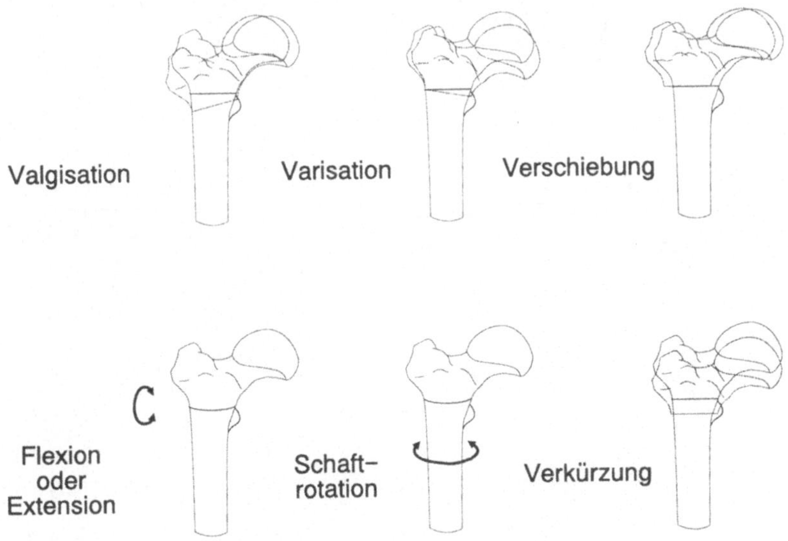

Bild 7-1: Umstellungsmöglichkeiten.

Bei der Planung einer Osteotomie müssen nicht nur die komplexen geometrischen Zusammenhänge im Gelenkbereich berücksichtigt werden, sondern auch die bei der geometrischen Manipulation am Gelenk auftretenden Auswirkungen auf Bänder und Muskeln.

7.1.1   Planung einer intertrochanteren Osteotomie

Für die herkömmliche Planung einer intertrochanteren Osteotomie wird
die Geometrie des Hüftgelenkes anhand von Röntgenaufnahmen erfaßt.
Dazu werden die Umrisse der Hüftpfanne und des Femurs auf Transparentpapier übertragen (s. Bild 7-2).

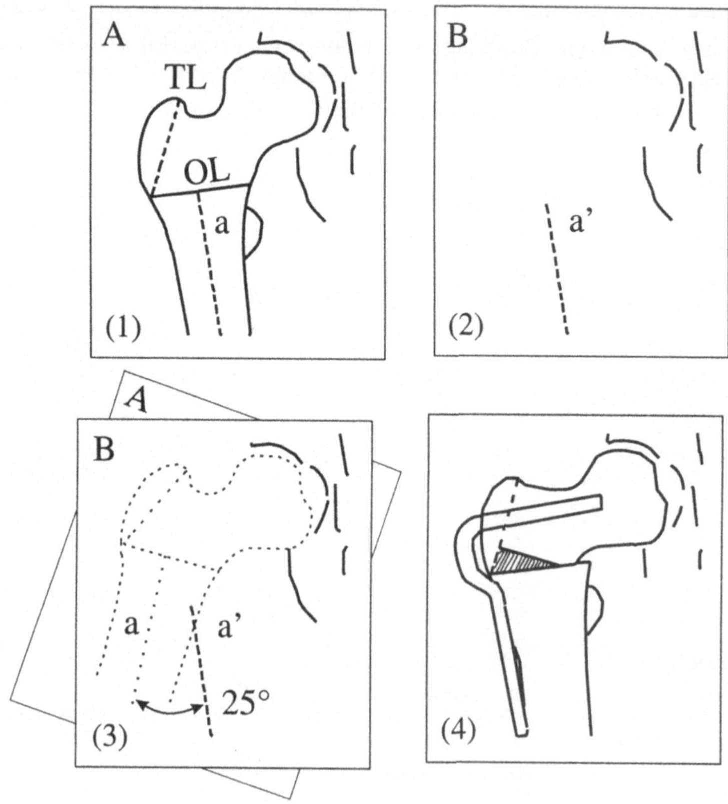

Bild 7-2: Herkömmliche Planung einer intertrochanteren
Umstellungsosteotomie [Mülll79].

Die Lage der physiologischen Achsen (Femurschaftachse, Schenkelhalsachse) werden mit Hilfe von Zirkel und Lineal an der Kontur bestimmt und in die Pause (A) eingezeichnet.

Senkrecht zur Femurschaftachse wird zwischen den beiden Trochantern die voraussichtliche Osteotomielinie eingetragen (OL). Soll die Lage des Trochanter major erhalten werden, muß entsprechend eine zweite Trennlinie eingezeichnet werden (TL). Die Lage der Trennlinien wird dabei vom Arzt festgelegt (Bild 7-2 (1)).

Auf einen zweiten Bogen (B) wird die Femurschaftachse und die Pfannenkontur übertragen (Bild 7-2 (2)). Die Pausen werden übereinander gelegt und gegeneinander verdreht, bis Schenkelkopf und Hüftpfanne eine optimale Überdeckung aufweisen (Bild 7-2 (3)). Die Qualität der Kongruenz zwischen Pfanne und Kopf wird dabei vom Arzt beurteilt.

In die zweite Pause (B) werden Teilkonturen der ersten Pause (A) übertragen; die neue Lage des Hüftkopfes wird somit durch seine Kontur festgelegt. In dieser Position, die Hüftkonturen der beiden Pausen liegen genau übereinander, kann der gesuchte Osteotomiewinkel als Winkel zwischen den beiden Schaftachsen bestimmt werden (Bild 7-2 (3)).

Im nächsten Schritt werden die Femurachsen zur Deckung gebracht, wobei die Pausen gegebenenfalls zusätzlich in Achsrichtung gegeneinander verschoben werden. Durch die teilweise Überdeckung der Femurkonturen werden die zu entfernenden Knochenstücke erkennbar.

Abschließend werden in eine dritte Skizze die unveränderten Teile des Femurschaftes, der Trochanter und der umgestellten Hüfte, ohne die zu resezierenden Knochendreiecke, in der neu gefundenen Position eingetragen (Bild 7-2 (4)).

Die geeignete Winkelplatte wählt der Arzt mit Hilfe der zuletzt erstellten Pause aus und überträgt die Kontur der Platte auf das Transparentpapier. Ist die Platte zu sehr nach oben verschoben oder die Überdeckung der Querschnitte an der Osteotomielinie zu gering, müssen die anfangs gewählte Lage der Osteotomielinie geändert und alle Skizzen neu erstellt werden [Müll79].

7.1.2   Umsetzung der Planung in der Operation

In der Planung wurde die gewünschte neue Form des Femurs festgelegt. Nun kann die Reihenfolge der verschiedenen Operationsschritte und die erforderlichen Umstellungen systematisch geplant werden. Die Wechselwirkung zwischen den verschiedenen Korrekturmöglichkeiten ist dabei zu berücksichtigen [Müll79].

Vor dem chirurgischen Eingriff sind folgende acht Lageveränderungen abzuklären (Begriffe bzgl. Raumebenen und -richtungen s. Kapitel 0):

1. Schenkelhalsneigungs- und CCD-Winkel (Valgus / Varus).

2. Antetorsionswinkel (Außen- / Innenrotation).

3. Beugung/Streckung (Flexion / Extension).

4. Verschiebung in der Frontalebene (Medialisierung / Lateralisierung).

5. Verschiebung in der Sagittalebene (nach ventral oder dorsal).

6. Veränderungen der Beinlänge.

7. Veränderungen der Trochanterhöhe.

8. Veränderungen der scheinbaren Schenkelhalslänge.

Grundlage für den Erfolg der Umstellung ist die exakte Umsetzung der in der Planung festgelegten Operationsschritte und die Lage der Resektionsebenen.

Nach Freilegung des Operationsgebietes markiert der Arzt mit einfachen Hilfsmitteln nach Augenmaß und Erfahrung die Schenkelhals- und die Femurschaftachse am Knochen. Oft wird zur Ermitlung der Halsachse ein Röntgengerät eingesetzt, das die Lage eines mit einer Bohrmaschine in den Hals eingetriebenen Kirschner-Drahtes angibt. Anhand dieser Markierungen und den spezifischen Merkmalen des Femurs legt der Chirurg möglichst genau die in der Planung gefundenen Schnittebenen fest. Dabei wird eine Winkellehre verwendet, um die Neigung der Resektionsebenen relativ zu den gefundenen Achsen anzugeben. Die Umsetzung des geplanten Vorgehens ist, bedingt durch die vorhandenen Hilfsmittel, nur mit eingeschränkter Genauigkeit möglich.

7.1.3   Fehlerquellen bei der Planung und Umsetzung

Nach eingehender Studie des Vorgehens, Diskussion mit ärztlichem Fachpersonal und Teilnahme des Verfassern an mehreren Operationen konnten folgende Fehlerquellen bei der Planung und Umsetzung von Umstellungen an langen Röhrenknochen festgestellt werden:

a. Die herkömmliche Planung stützt sich auf Röntgenbilder, d.h. die Konturen der Knochen werden nur zweidimensional erfaßt. Die Planung anhand von Röntgenaufnahmen kann daher nur dementsprechend ungenau erfolgen. Charakteristische Winkel (CCD- und AT-Winkel) werden meist nur projiziert abgebildet. Eine Korrektur ist über Tabellen möglich (s. z. B. [Endl84]).

b. Komplexe dreidimensionale Zusammenhänge der Gelenkgeometrie können nicht erfaßt werden. Die individuelle Gestalt von Pfanne und Kopf wird nur ungenügend erfaßt.

c. Die Planungsqualität ist stark vom Wissen und der Erfahrung des Arztes abhängig. Räumliches Vorstellungsvermögen und ein gutes Augenmaß spielen eine große Rolle.

d. Verständnis für die Wechselwirkung zwischen den verschiedenen Umstellungsmöglichkeiten ist Voraussetzung.

e. Die Bewertung des Planungsergebnisses ist sehr stark vom subjektiven Eindruck des Arztes abhängig und stützt sich nur auf die gefundene zweidimensionale Lösung.

f. Bei der Umsetzung in der Operation werden die Achsen nach Augenmaß gekennzeichnet. Die Durchtrennung des Knochens und die anschließende Fixierung ist stark vom handwerklichen Können des Arztes abhängig. Die Handhabung erweist sich als relativ aufwendig und unkomfortabel.

Hieraus ergeben sich die Ansatzpunkte zur Verbesserung der Operationsergebnisse. Zum einen muß die Planungsqualität verbessert werden, das heißt die Gestaltveränderung und das zu verwendende Implantat zur Osteosynthese müssen an einem rekonstruierten Objekt unter Berücksichtigung der dreidimensionalen, individuellen Gegebenheiten festgelegt werden. Zum anderen müssen die Planungsergebnisse exakt während der Operation auf das reale Objekt übertragen werden.

7.2   Simulationssystem

In diesem Kapitel werden die Grundlagen graphischer Simulationssysteme präsentiert. Detailliertere Darstellungen der Grundlagen der Computergraphik sind in [Hear86, Plas86] zu finden. Ausführliche Darlegungen bezüglich des Aufbau und der Funktion graphischer Simulationssysteme können in [Taub90, Wrba90] nachgelesen werden.

7.2.1   Koordinatensysteme

Zur Darstellung medizinischer Objekte werden in dieser Arbeit vier verschiedene Koordinatensysteme verwendet. Das den Patientenraum beschreibende Koordinatensystem ist gemäß den Definitionen der longitudinalen, transversalen und sagittalen Achsen (s. Kapitel 0) ausgerichtet. Das Objektkoordinatensystem beschreibt das von der Diagnoseeinrichtung digitalisierte Körpergebiet des Patienten. Dieses ist auch in der Regel das physikalische Bezugssystem der Diagnoseeinrichtung. In dem Inertialsystem des Simulationssystems wird die vom Betrachter gewünschte perspektivische Transformation beschrieben. Darin werden aber auch die Lagebeziehungen verschiedener Objekte durch die geometrischen Transformationen "Translation" und "Drehung" beschrieben. Das zweidimensionale Koordinatensystem, in dem der sichtbare Teil der gewählten Perspektive angezeigt wird, bildet die Bildschirmoberfläche (s. Bild 7-3).

Das verwendete mathematische Gerüst bedient sich der quadratischen 4x4-Matrizen und homogener Koordinatendarstellungen zur Berechnung der Transformationen. Damit lassen sich die Rotationen, die Translation und die Skalierung, die ein bestimmtes Geometrieobjekt erfahren soll mit einer einzigen Matrix darstellen [Dena55].

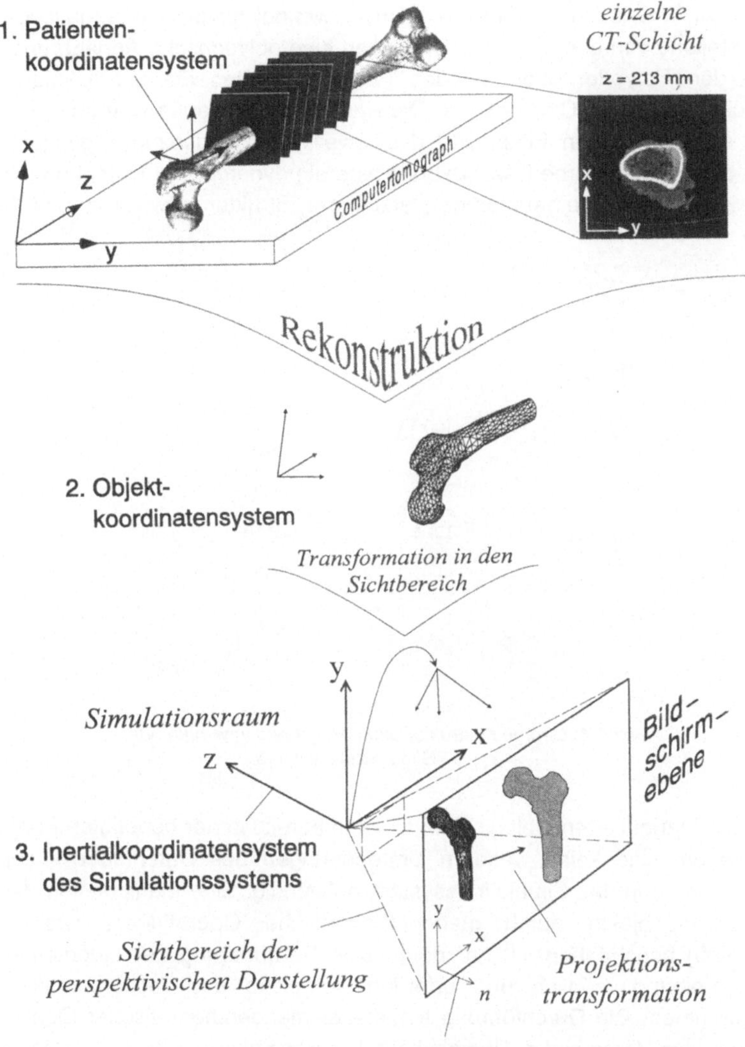

Bild 7-3: Verwendete Koordinatensysteme zur Visualisierung von medizinischen Objekten.

7.2.2 Geometriebeschreibung

Das zur Simulation gewählte System verwendet für die mathematische Darstellung von geometrischen Modellen eine polyedrische Annäherung. Die den Polyeder begrenzenden Polygone stellen die approximierte Fläche des realen Objektes dar. Die Kanten der Polygone werden durch die entsprechenden Eckpunkte des jeweiligen Polygonzuges gebildet. Für die rechnerinterne Beschreibung wird ein dynamischer Datenbereich verwendet, der eine baumartige (verzeigerte) Struktur aufweist (s. Bild 7-4).

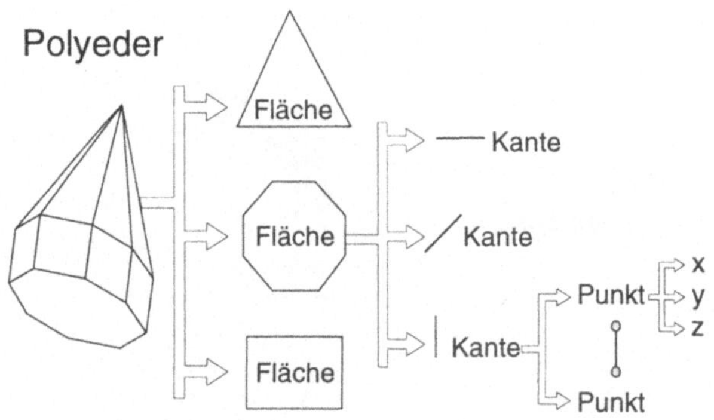

Bild 7-4: Geometriestruktur eines Polyeders innerhalb des Simulationssystems.

Da die triangulierten biologischen Objekte bereits in der benötigten Form vorliegen, sind keine weiteren Umrechnungen des Datenmodells zur Übernahme in das Simulationssystem notwendig. Eine Manipulation der Geometrieobjekte durch mengentheoretische Operationen, wie in [Pras90] beschrieben, ist nur durch eine Veränderung der Geometriebeschreibung möglich und erfordet komplexe und rechenintensive Algorithmen. Die Durchführung komplexer mengentheoretischer Operationen, wie Vereinigung, Durchschnitt, Differenz zweier Körper (s. Bild 7-5), ist aber für die vorliegende Arbeit nicht notwendig. Es wird lediglich eine "einfache" Trennoperation zur Durchführung ebener Schnitte benötigt. Für die weiteren Betrachtungen wird die durch das Rekonstruk-

tionsverfahren bedingte scheibenartige Struktur der biologischen Objekte
ausgenutzt.

Bild 7-5: Die Substraktion als Beispiel einer Mengenoperation.

7.3 Abbildung physiologischer Parameter und Funktionalität

7.3.1 Allgemeines Schema

Die Bestimmung von anatomischen Merkmalen biologischer Objekte, wie
z. B. Achsen und Rotationspunkten zur Beschreibung kinetischer, stat-
ischer oder kinematischer Größen des menschlichen Bewegungsapparates, beschränkt sich meistens auf die Findung von Symmetrieachsen bzw. -punkten bestimmter Bereiche der betrachteten Objekte.
Nach einer Studie der allgemeinen Skelettlehre [Plat91] stellt man fest,
daß Knochenformen in

- lange und kurze Knochen (z.B. Oberschenkelknochen bzw. Handwurzelknochen),

- flache Knochen (z.B. Schädelknochen),

- unregelmäßige Knochen (z.B. Wirbelknochen),

- lufthaltige Knochen und Sesambeine (z.B. Ober-
  kiefer bzw. Kniescheibe)

unterteilt werden. Gelenke ihrerseits können auch u.a. nach der Form
der Gelenkkörper eingeteilt werden:

- flaches Gelenk (z.B. Wirbelgelenk),

- Scharniergelenk (z.B. Humero-ulnargelenk am Ellbogen),

- Dreh-, Ei- und Sattelgelenk (z.B. Radio-ulnargelenk an der Hand),

- Kugelgelenk (z.B. Schulter- oder Hüftgelenk).

Für die vorliegende Arbeit sind vor allem lange Röhrenknochen und die zugehörigen Gelenke von besonderem Interesse. Die verschiedenen Bereiche (Körper und Enden) und somit die Gelenke, an denen sie beteiligt sind, lassen sich hinreichend genau mit Flächen zweiter Ordnung beschreiben. Ihre Symmetrieachsen beschreiben dann die gesuchten anatomischen und physiologischen Parameter.

Das Problem besteht nun darin, aus den vorhandenen digitalisterten Daten die gesuchten Bereiche zu identifizieren und zu isolieren. Anschließend muß eine Fläche zweiter Ordnung gefunden werden, die diesen Bereich möglichst genau approximiert. Die allgemeine Lösung dieses Problems kann wie folgt formuliert werden.

7.3.1.1   Isolierung von Teilbereichen

Das Rechnermodell besteht, wie aus Kapitel 5.3 ersichtlich wurde, in erster Linie aus einer Menge von Punkten im Raum:

Sei H eine endliche Punktmenge des $\mathbf{R}^3$, d.h.

$$H = \left\{ \mathbf{x} \mid \mathbf{x} \in \mathbf{R}^3, K \geq \mathbf{x} \geq k \right\}$$

Dabei ist K das Supremum und k das Infimum der Punktemenge H.

Alle in Frage kommenden Punkte werden dann von einer dem Bereich ähnlichen Fläche zweiter Ordnung derart umschlossen, daß folgende Aussage gilt:

Sei $f(x, y, z)$ eine Fläche zweiter Ordnung mit der Normalform

$$\lambda_1 x'^2 + \lambda_2 y'^2 + \lambda_3 z'^2 + d = 0$$

mit $d \geq 0$ im Koordinatensystem (x', y', z'). Ferner sei $\mathbf{A}$ die Transformationsmatrix, die (x, y, z) in (x', y', z') überführt. Dann ist h der interessierende Bereich, für den es gilt:

$$h = \{\mathbf{x}'_h \mid \mathbf{x}'_h \in H, \, f(\mathbf{x}'_h) \leq d\}.$$

Die Gestalt der Funktion $f(x, y, z)$ wird dem betrachteten Bereich entsprechend gewählt (z.B. kugel-, zylinder- oder kegelförmig). Die Lage und Ausrichtung kann i. allg. nur mit Hilfe von Benutzerinteraktionen ermittelt werden, da biologische Objekte von Individuum zu Individuum sehr stark abweichen können.

7.3.1.2 Berechnung der approximierenden Fläche

Eine gut approximierende Fläche ist diejenige Fläche, auf der "alle" betrachteten Punkten des Bereichs zu liegen kommen. Somit läßt sich die Approximationsgüte einer beliebigen Fläche mit den oben beschriebenen Eigenschaften wie folgt formulieren:

$$G\ddot{u}te \; g = \left\{ \sum |f(\mathbf{x}'_h)| \right\}.$$

Mit anderen Worten ist die Güte eine Funktion der Parameter $(\lambda_1, \lambda_2, \lambda_3, d, \mathbf{A})$, die einen betragsmäßig dem Abstand von allen Punkten $\mathbf{x}'_h$ zur Fläche entsprechenden Wert liefert. Sie kann als Bewertungsfunktion für die Suche nach der optimalen Fläche herangezogen werden:

$$g(\lambda_1, \lambda_2, \lambda_3, d, \mathbf{A}) \to Min! \mid Min \geq 0.$$

Die Minimierungsaufgabe kann mit Hilfe von bekannten Optimierungsalgorithmen (eine Auswahl und ihre Implementierung findet man in [Pres87]) gelöst werden.

Die im einzelnen weiter unten im Text dargestellten Methoden zur Findung anatomischer Parameter wurden für das Femur optimiert, können aber, wie oben schon gezeigt, sinngemäß auch auf andere lange Röhrenknochen (z.B. Humerus und Tibia) des menschlichen Körpers übertragen werden.

7.3.2 Modul zur Definition der Femurschaftachse

Ausgehend von der herkömmlichen Methode wird ein computerunterstütztes Verfahren zur Definition der Femurschaftachse entwickelt.

Beim aktuellen, zweidimensionalen Verfahren wird die Achse anhand eines Röntgenbildes bestimmt. Dabei werden zwei Linien möglichst senkrecht zum Schaft eingezeichnet. Die Gerade durch die Mittelpunkte der Schnittkonturen legt die Achse fest (s. Bild 7-6). Überträgt man nun diese Methode ins Dreidimensionale durch Verschneiden von zwei Ebenen mit dem Schaft und Berechnen der Schwerpunkte aus den sich ergebenden Schnittflächen, so erhält man ebenfalls eine Achse. Bei Verwendung unterschiedlicher Ebenenpaare ergeben sich mehrere mögliche Achsen, die jedoch voneinander abweichen. Man stellt fest, daß das Ergebnis sehr stark von den gewählten Ebenen abhängt.

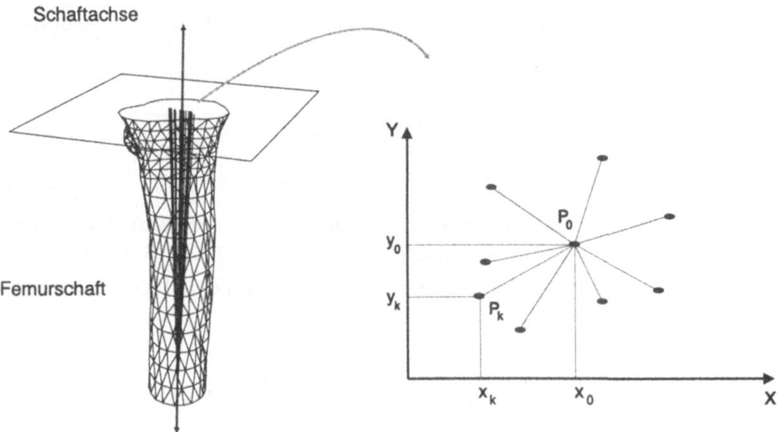

Bild 7-6: Geradenbüschel mit Schaftachse.

Da die über das Hüftgelenk eingeleiteten Kräfte durch den Oberschenkelknochen in das Kniegelenk übertragen werden und die gesuchte Gerade als genäherte Kraftflußlinie zu sehen ist, wird das Femur zunächst in zwei longitudinal gleich langen Bereichen getrennt betrachtet. Der Flächenschwerpunkt der Teilungsebene im medialen Bereich des Femurs stellt einen Hilfspunkt bei dem ersten Schritt der Achsenbestimmung dar. Wählt man jeweils in beiden Bereichen für eine zweite Ebene unterschiedliche Positionen entlang des Schaftes, so ergeben sich verschiedene Schnittkonturen. Das Verbinden der zugehörigen Schwerpunkte mit dem Hilfspunkt ergibt verschiedene Geraden, die als Achsen in Frage kommen (s. Bild 7-6). Ziel ist es, eine gemittelte Schaftachse aus diesem Geradenbüschel zu bestimmen. Dazu werden alle Achsen mit einer ausgezeichneten Z-Ebene geschnitten. In dieser Ebene wird ein Punkt P_0 berechnet, bei dem die Abstandssumme zu den Durchstoßpunkten $P_i(x_i, y_i)$ mit $i = 1, 2, ..., N$, minimal ist (s. Bild 7-6):

$$Z(x_0, y_0) = \sum_{k=1}^{N} \left[(x_k - x_0)^2 + (y_k - y_0)^2 \right]^{\frac{1}{2}} \to Min!$$

Für die Lösung der "optimalen Standortbestimmung" ist in [Bron87] ein Näherungsverfahren vorgeschlagen worden, das den Standort (x_0, y_0) im Sinne der Aufgabenstellung iterativ verbessert. Die so ermittelten Punkte in beiden Bereichen legen die Schaftachse eindeutig fest.

7.3.3 Modul zur Definition des Femurkopfmittelpunktes

Das Hüftgelenk ist ein nahezu ideales Kugelgelenk. Der Mittelpunkt einer geeigneten Kugel kann als Drehzentrum des Gelenks gesehen werden. Legt man um den Oberschenkelkopf eine Kugel, die sich möglichst gut an die Oberfläche anschmiegt, so stellt der Kugelmittelpunkt eine gute Näherung für das Zentrum des Kopfes und somit für den Drehpunkt des Gelenkes dar. Die einfachste Lösung wäre, eine Kugel interaktiv zu plazieren und den Kugelradius anzupassen. Die Einstellung erfolgt nach rein optischen Gesichtspunkten, bedarf etwas Erfahrung mit den Eingabemedien und nimmt etwas Zeit in Anspruch. Bei wiederholter Anwendung sind jedoch erhebliche Abweichungen bei den eingestellten Parametern zu erwarten. Aus diesen Gründen wird ein mathematisches Verfahren zur Berechnung herangezogen.

Eine grobe Näherung für den gesuchten Punkt kann durch Vergleich der typischen anatomischen Merkmalen des Oberschenkelkopfes ermittelt werden. Betrachtet man die Schnittkonturen, die zur Schaftachse senkrecht ausgerichteten Ebenen mit dem Femurkopf ergeben, so stellt man fest, daß die Größe der Achsendurchmesser entlang der Hauptträgheitsachse der Schnittkontur gemäß der Kreisgleichung im Bereich des Femurkopfes zu- und wieder abnimmt (s. Bild 7-7). Mit Hilfe dieser

Eigenschaft kann eine diskrete Suche im Femurkopfbereich nach dem größten vorkommenden Kreis erfolgen. Der so gefundene Kreismittelpunkt (x_{ms}, y_{ms}, z_{ms}) und der zugehörige Radius (r_{ms}) werden als Startwerte für eine feinere Suche verwendet. In extrem pathologischen Fällen kann es durchaus vorkommen, daß der Femurkopf von der sonst typischen kugeligen Form stark abweicht. Hier besteht die Möglichkeit, diese erste Suchkugel interaktiv zu definieren.

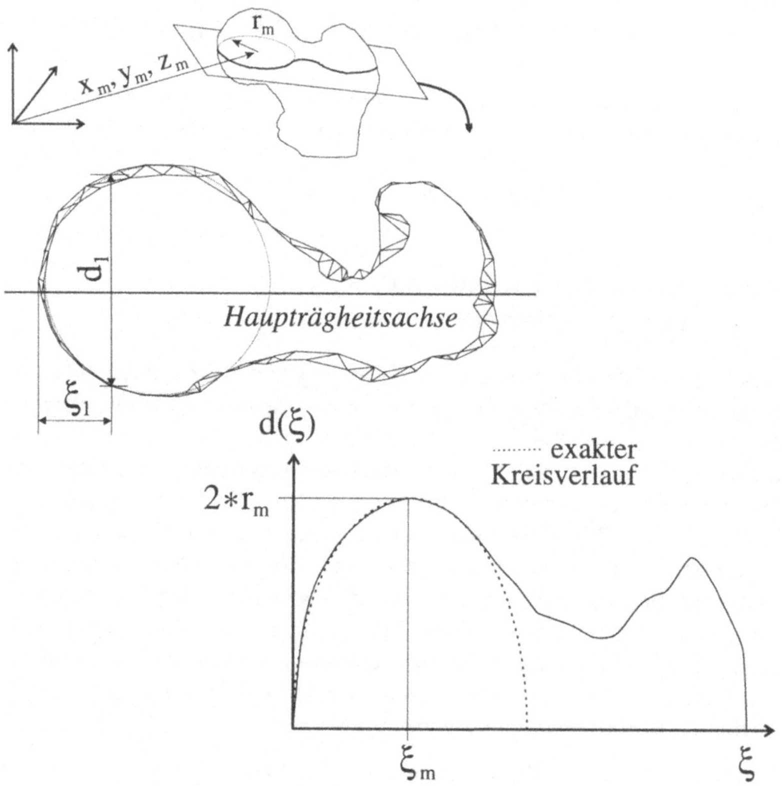

Bild 7-7: Typische Geometriemerkmale des Femurkopfes.

Über ein mathematisches Optimierungsverfahren (Hooke/Jeeves [HoJe61]) wird der exakte Kopfmittelpunkt berechnet. Dabei bilden die Lage (x, y, z) des Kugelmittelpunktes und der Kugelradius (r) die Optimierungsparameter. Die Gütefunktion $(f(x, y, z, r))$, nach der es optimiert wird, verkörpert die Summe der Abstände der einzelnen Punkte, die den Femurkopf darstellen, zu der Kugeloberfläche. Diejenige Sphäre, bei der die Abstandssumme am kleinsten ist, nähert sich am besten der wahren Kontur an und liefert somit das gesuchte Ergebnis (s. Bild 7-8). Anschaulich kann man sich das so vorstellen, als ob die zuerst festgelegte Suchkugel auf den Femurkopf aufgeschrumpft werden würde.

Eine Untersuchung der Funktion $f(x,y,z,r)$ zur Berechnung der Abstandssumme ergibt, daß der Wertebereich nur ein ausgeprägtes Minimum aufweist (s. Bild 7-9). Deshalb kann eine gezielte Suche nach diesem Minimum mit einem Optimierungsverfahren erfolgen.

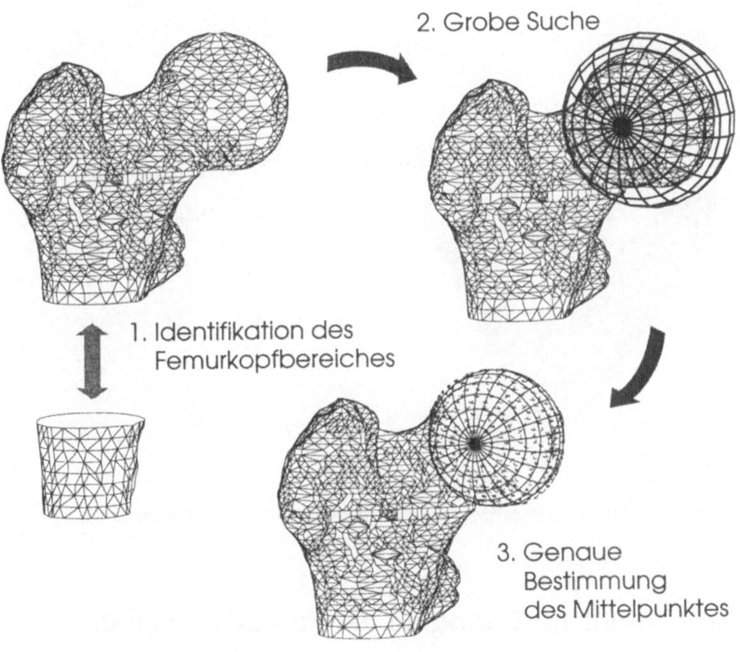

Bild 7-8: Verfahren zur Bestimmung des Femurkopfmittelpunkts.

Für die Darstellung der Funktion $f(x,y,z,r)$ wurden jeweils zwei Parameter als konstant angenommen, so daß eine dreidimensionale Interpretation möglich wurde. Die für die Darstellung verwendeten konstanten Werte entsprechen dem Minimum der Gütefunktion und wurden mit dem oben genannten Optimierungsverfahren gewonnen.

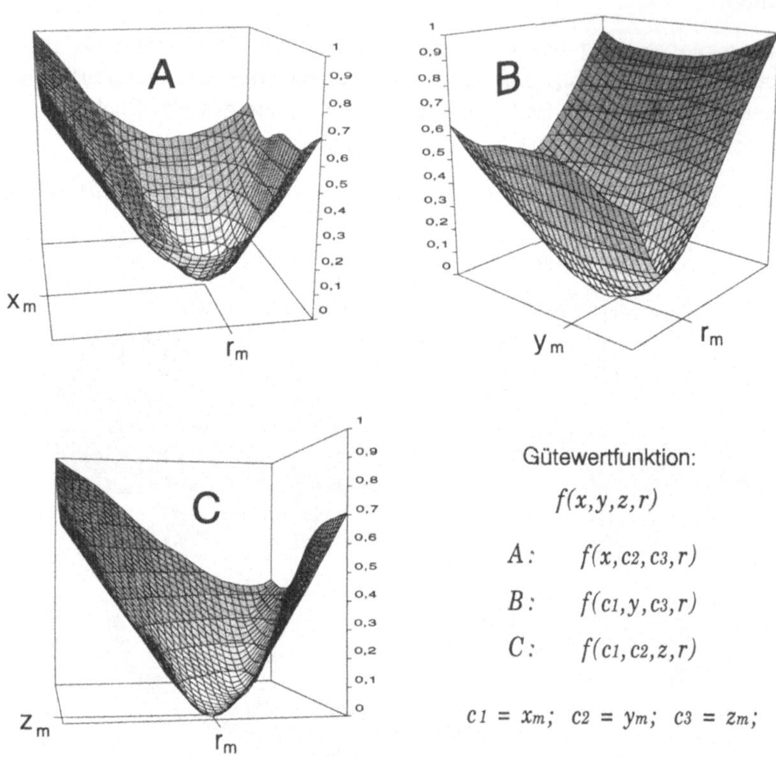

Bild 7-9: 3D-Darstellung der Gütewertfunktion (Gütewert normiert).

7.3.4 Modul zur Definition der Femurhalsachse

Bei der herkömmlichen Methode zur Bestimmung der Femurhalsachse wird diese mit Zirkel und Lineal anhand eines Röntgenbildes bestimmt. Dabei werden möglichst senkrecht zum Oberschenkelhals zwei Linien eingezeichnet und die Mittelpunkte dieser Schnitte bestimmt. Diese beiden Punkte legen die Achse fest (s. Bild 7-10). Bei der entsprechenden dreidimensionalen Methode werden zwei Ebenen mit dem Femurschaft verschnitten. Die Schwerpunkte der sich ergebenden Schnittkonturen legen die Achse fest.

Das Problem besteht darin, die Schnittebenen möglichst senkrecht zum Femurhals zu positionieren. Vergleicht man den Femurhals mit einem Zylinder, so liefert diejenige Ebene, die normal zum Zylindermantel steht, die kleinste Fläche der Schnittkontur. Diese Idee wird auf das Modell übertragen. Dabei werden die beiden Ebenen im Bereich des Schenkelhalses plaziert und um zwei senkrecht aufeinander stehende Achsen, die in der jeweiligen Ebene liegen, gekippt. Dazu wird wieder das Optimierungsverfahren nach Hooke/Jeeves zur Minimumsuche verwendet. Bemerkenswert ist, daß der ermittelte Femurkopfmittelpunkt im allgemeinen nicht auf der Halsachse zu liegen kommt.

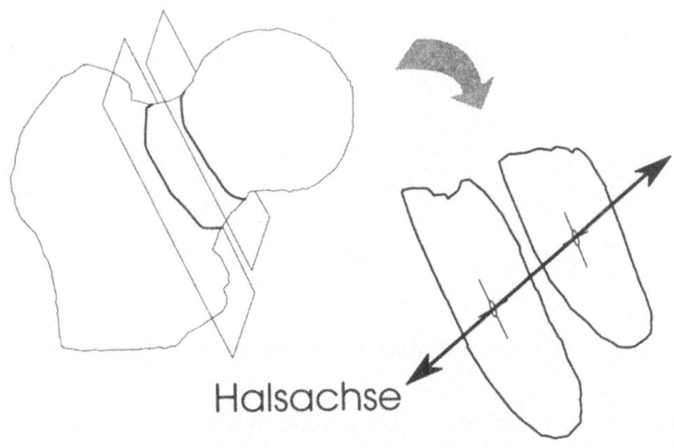

Bild 7-10: Definition der Femurhalsachse.

Die Praxis hat gezeigt, daß das optische Empfinden eine große Rolle bei der Beurteilung des Ergebnisses spielt. Als Alternative wurde ein zweites Verfahren implementiert. Dieses beruht auf derselben Vorgehensweise, wie sie bereits bei der Bestimmung des Femurkopfmittelpunktes angewandt wurde. Für den Femurhals wird dieses Verfahren insofern geändert, daß jetzt statt einer Kugel ein Kegelstumpf erzeugt wird und dessen Öffnungswinkel und Lage variiert wird. Nach dem Verlauf der Optimierung stellt dann die Mittelachse des Kegels die Halsachse dar (s. Bild 7-11). Hier, ähnlich wie bei der Kopfmittelpunktbestimmung, zeigt die zur Optimierung herangezogene Bewertungsfunktion auch ein einziges stark ausgeprägtes Minimum.

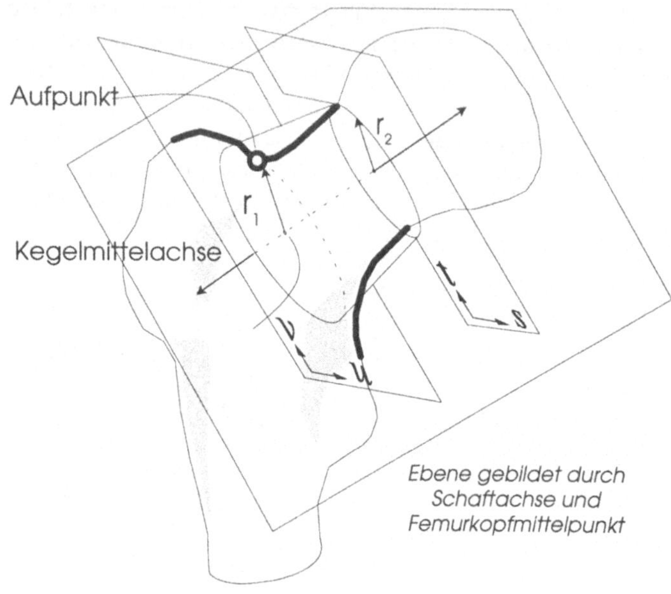

Bild 7-11: Alternatives Verfahren zur Bestimmung der Halsachse.

Als Problem erweist sich auch hier wieder, daß die zum Hals gehörenden Geometriepunkte des Femurs bestimmt werden müssen. Hier wird die Tatsache ausgenutzt, daß der Femurkopf keine reine Kugel ist, sondern eigentlich eine Dreiviertelkugel. Sie kann als Schnitt einer Ebene mit einer vollen Kugel gedacht werden. Die Schnittebene dient als erste Begrenzung (s. Ebene mit Richtungsvektoren t und s im Bild 7-11). Für die Bestimmung der zweiten Begrenzung (Ebene mit Richtungsvektoren u und v im Bild 7-11) zum Femurschaft wird die Eigenschaft ausgenutzt, daß der Hals vom Femurkopf zum Femurschaft zunächst schmäler wird, ein Minimum erreicht und dann größer wird. Betrachtet

74

man die Ebene, die durch den Femurschaft und den Femurkopfmittelpunkt gebildet wird, so stellt man fest, daß der obere Wendepunkt, der
den konvexen Teil der Schnittkontur mit dem Femur vom konkaven
trennt, als Aufpunkt der zweiten Begrenzungsebene verwendet werden
kann (s. Bild 7-11).

7.3.5   Modul zur Definition der Kniegelenksachse

Ein weiterer wichtiger Parameter zur Beurteilung des Hüftgelenks ist die
Kniebasislinie, die mit der stellungsabhängigen Kniegelenksachse nicht
identisch ist. Sie bildet zusammen mit der Halsachse den Antetorsionswinkel. In der Anatomie wird die Kniebasislinie als die Verbindungs-
linie zwischen den beiden Berührungspunkten der Femurkondylen mit
der Tibia im aufrechten Stand bezeichnet (vgl. Kapitel 4.3.1). Die vom
Computertomograph gelieferten Daten beinhalten aber i.allg. nicht die
nötige Information zu ihrer Bestimmung, denn dies würde die
Übereinstimmung einer Aufnahmeebene mit der Lage der Tibiaplateau
und unendlich kleine Schichtdicke der Aufnahmen vorausetzen. Deshalb
und zur groben Annäherung der Gelenksfunktion wird anstatt der
Kniebasislinie eine Achse verwendet, die einen Mittelwert von möglichst
vielen Momentanachsen darstellt (s. Bild 7-12).

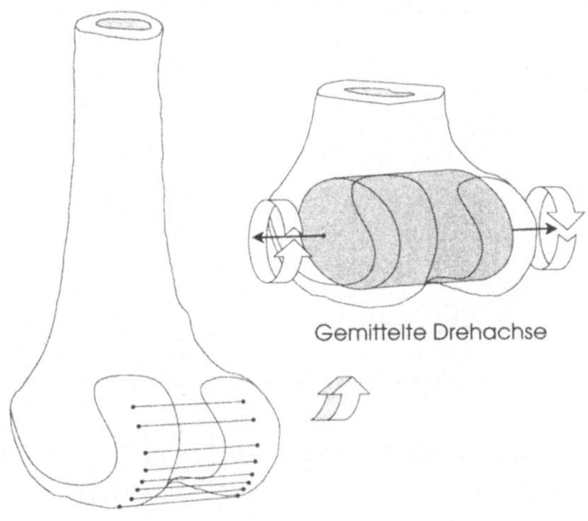

Bild 7-12: Knieachse.

Da das Kniegelenk ein angenähertes Viergelenk ist, kann die Gelenksachse mit einfachen Mitteln nur für eine einzige Stellung bestimmt werden. Zur Berechnung der momentanen Drehachsen werden die einzelnen Schichten des Knies jeweils für sich gesondert betrachtet. Die kniebeschreibenden Polygone weisen eine charakteristische Form auf, die durch eine Grube (Fossa intercondylaris) auf der Rückseite des Knies gekennzeichnet sind (s. Bild 7-13). Demnach kann die momentane Drehachse durch eine Gerade mit den folgenden Eigenschaften definiert werden:

- Die Gerade hat nur zwei Punkte mit dem Polygon gemeinsam.

- Das gesamte Polygon liegt auf einer Seite der Geraden.

- Die Fossa intercondylaris liegt zwischen den beiden Punkten.

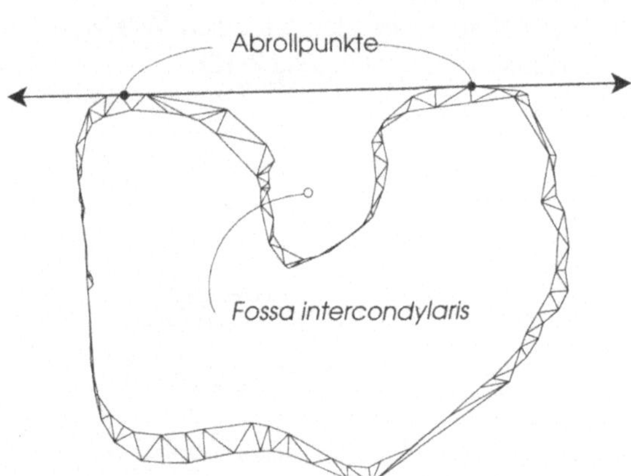

Bild 7-13: Charakteristische Form eines Knie beschreibenden Polygons.

Betrachtet man die konvexe Hülle des jeweilegen Polygons, so fällt es auf, daß genau die längste Kante der konvexen Hülle den oben genannten Forderungen entspricht. Diese Kanten beschreiben hinreichend genau[13] die gesuchten momentanen Drehachsen.

Die gesuchte "mittlere" Knieachse wird hier wiederum durch Anwendung des Optimierungsverfahrens nach Hooke/Jeeves und unter Berücksichtigung der konvexen runden Form der Femurkondylen ermittelt. Dabei wird die räumliche Lage und Größe eines Zylinders solange variiert, bis die Summe der Abstände der momentanen Drehpunkte zur Zylindermanteloberfläche ein Minimum erreicht (vgl. Kopf- und Halsachsenbestimmung).

7.3.6   Abbildung der Physiologie

Eine getreue Nachahmung der Bewegung des Hüftgelenks ist eine wesentliche Vorausetzung für die Planung und Beurteilung einer möglichen Therapiemaßnahme. Damit können physiologisch sinnvolle neue Stellungen am Bildschirm visualisiert und die möglichen Folgen entweder vom Anwender oder/und rechnergestützt abgeschätzt werden.

Die Kinematik des Hüftgelenks entspricht der eines Kugelgelenks. Sie kann in einem kartesischen Koordinatensystem, wie es beim Simulationssystem vorliegt, durch aufeinanderfolgende Rotationen um die Raumachsen beschrieben werden. Dabei entfällt der translatorische Anteil der Transformationen, wenn das Koordinatensystem in das Rotationszentrum der Kugel gelegt wird.

Darüberhinaus ist die Ausrichtung des für die Beschreibung der Bewegung verwendeten Koordinatensystems an den vorher ermittelten anatomischen Achsen vorteilhaft, um gezielt durch einfache Benutzerinteraktionen die Orientierung der Objekte im Raum zu verändern. Demnach dienen die Hals- und Schaftachse zur Definition einer transversalen Ebene (deren Normale zeigt nach vorne und ist das Vektorprodukt aus den Richtungsvektoren der Hals- und der Schaftachse), in der eine Ad- oder Abduktionsbewegung des Beines dargestellt wird. Sie enthält außerdem die wahre Größe des CCD-Winkels (Winkel zw. Hals- und Schaftachse). Eine Torsionsbewegung wird durch eine Rotation um eine zur Schaftachse parallele und zu der vorhin definierten

---

[13] Die gefundenen momentanen Drehachsen sind insofern ungenau als die CT-Aufnahmeebenen i. allg. nicht exakt parallel zur Tibiaplateau sind.

Ebene komplanare Achse beschrieben. Um die dritte Raumrichtung, die sich aus den beiden letzten ergibt, kann eine Flexions- oder Extensionsbewegung beschrieben werden (s. Bild 7-14).

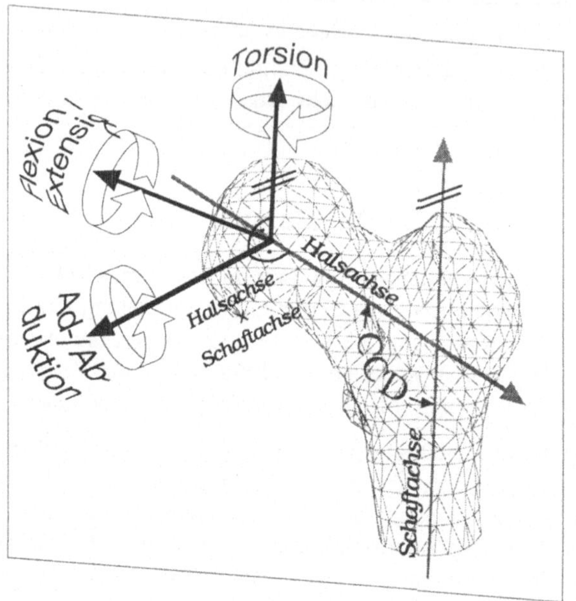

Bild 7-14: Abbildung der Bewegungsmöglichkeiten im Simulationssystem.

7.4   Veränderung der Gestalt anatomischer Objekte

Wie weiter oben beschrieben, ist das Zusammenspiel von Muskeln und Sehnen für die normale Bewegung der Extremitäten von größter Bedeutung. Die Muskelkraft wird über das einfache Hebelprinzip optimal ausgenutzt. Beide Trochanter (Minor und Major) sind wichtige Ansatzpunkte für die Bänder und die Muskulatur des Hüftgelenkes. Ziel einer Umstellungsosteotomie ist die Veränderung der Gelenkgeometrie. Diese erwünschte Veränderung bringt aber Nebeneffekte mit sich, die eingehend beurteilt werden sollten. Daraus ergeben sich folgende Fragen:

- Wie sollen die Resektionsebenen plaziert werden?

- Wie wird sich die Geometrie des Gelenks bei einer bestimmten Konfiguration der Resektionsebenen ändern?

- Mit welchen Mitteln wird die neue Geometrie des Hüftgelenks beurteilt?

An dieser Stelle soll festgehalten werden, daß ein automatisches Vorgehen, das als Eingangsparameter die gewünschten Veränderungen des CCD- und des Antetorsionswinkels und als Ausgabe die notwendigen Resektionsebenen in der intertrochanteren Femurzone besitzt, prinzipiell realisierbar ist. Die Relevanz eines solchen Vorgehens muß jedoch in Frage gestellt werden, da die Randbedingungen zur Ermittlung der Lage der proximalen Ebene Kriterien biologischer Natur Rechnung tragen müssen. Als wichtigstes Kriterium stellt sich die Abhängigkeit der Heilung (Knochenwachstum an der Osteotomiestelle) von der Höhe und Lage der proximalen Resektionsebene (s. z. B. [Pauw73]). Dies kann nur von einem erfahrenen Operateur für den jeweils behandelten Fall abgeschätzt werden. Deswegen wurde das Vorgehen zur Veränderung der Gestalt des Hüftgelenks so konzipiert, daß mathematisch nicht erfaßbare Problemstellungen durch interaktive Arbeit am Rechnerarbeitsplatz bewältigt werden.

Die Bestimmung der proximalen Schnittebene obliegt dem planenden Chirurgen, der diese durch das Ziehen einer einfachen Linie über das Bild des Femurs plaziert. Diese Vorgehensweise ist der bisherigen Planung nachempfunden und erfordert die Ausrichtung des Oberschenkelknochens in eine Seitenansicht, in der der Chirurg senkrecht auf die von Schaft- und Halsachse aufgespannte Ebene blickt. Diese Ausrichtung wird durch den Computer vorgenommen, da die hierfür notwendigen Informationen wie Lage der Schaft- und Halsachse sowie die zur Zentrierung benötigte Ausdehnung im Raum bekannt sind.

Das Femurmodell wird an dieser Ebene in ein proximales und ein distales Teil getrennt. Das im vorherigen Kapitel definierte Rechtssystem zur Nachbildung der Gelenkfunktion findet hier nochmals Verwendung. Damit lassen sich die interessierenden Größen direkt verändern:

- CCD-Winkel durch Drehung in der durch die Schaft- und Halsachse aufgespannten Ebene,

- Antetorsionswinkel durch Drehung um die zur Schaftachse parallele Koordinatenachse,

- Flexion/Extension durch Drehung in der sagitalen Ebene (um die dritte Koordinatenachse).

Während der interaktiven Veränderung werden der CCD-Winkel und der Antetorsionswinkel der momentanen Geometrie sowie die dazu notwendige zweite Resektionsebene und die sich daraus ergebende Beinlängenänderung in Echtzeit berechnet. Diese sind wichtige Anhaltspunkte für eine objektive Quantifizierung und Beurteilung der neuen Gelenkgestalt. Die Orientierung der zweiten Resektionsebene im Raum ergibt sich automatisch als Abfallprodukt der eigentlichen Umstellung. Die Höhe der Ebene wird jedoch so gewählt, daß die Form des zu entfernenden Knochenstückes einem Spitzenkeil entspricht (s. Bild 7-15).

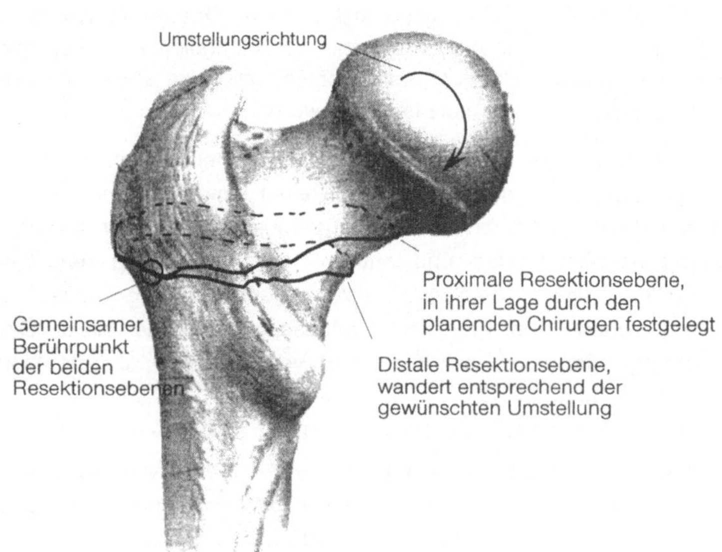

Bild 7-15: Zu entfernender Knochenkeil.

7.5   Auswahl geeigneter Implantate

Eine weitere anspruchsvolle Aufgabe für den Arzt stellt die Auswahl eines geeigneten Implantates für die Osteosynthese dar. Im allgemeinen gilt es, aus einem Standardsortiment das am besten passende Implantat zu wählen. Wichtige Randbedingungen sind:

- der Öffnungswinkel,

- die Plattenlänge und

- die Klingenlänge.

Die Klingenlänge stellt in der Regel das größte Problem dar, denn bei der herkömmlichen Planung ist die Länge der Halsachse nur ungenau bekannt. Die Klinge darf aber auf keinen Fall so groß sein, daß sie sich der Gelenkkapsel zu sehr nähert oder sie gar erreicht.

7.5.1   Modellierung der Implantate

Grundlage der Auswahl aus einer Vielzahl angebotener Implantate ist das Wissen um die Existenz der Implantate und deren Eigenschaften. Dieses Wissen sowohl dem Rechner verfügbar zu machen, wie auch dem Benutzer die Eingabe in textueller Form zu ermöglichen, ist Aufgabe eines integrierten Moduls zur Überprüfung der Korrektheit und Konsistenz eingelesener Daten (Parser). Es erzeugt im Rechner eine Liste aller aktuell verfügbaren Winkelplatten und Schrauben aus den Einträgen einer Datei, in der folgende Angaben (s. Bild 7-16) in geeigneter Form hinterlegt sind.

Für Winkelplatten:

- Winkel,

- Klingenlänge,

- Klingenbreite,

- Klingentiefe,

- Schaftlänge,

- Schaftbreite,

- Schafttiefe,

- Bogentiefe.

Für Winkelplatten und Schrauben:

- Bezugspunkt,

- Katalogbezeichnung.

Für Schrauben:

- Durchmesser.

Im Bild 7-20 sind die gängigen Implantattypen für die Osteosynthese des Oberschenkelknochens dargestellt.

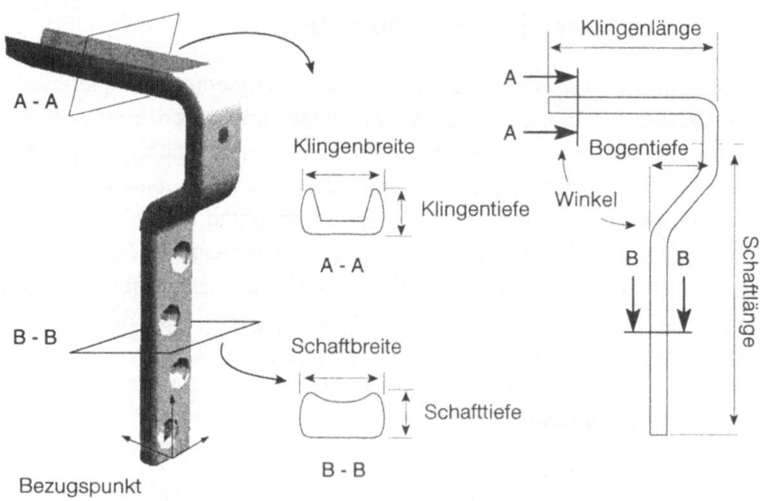

Bild 7-16: Modellierung der Winkelplatten für den Einpaßvorgang.

7.5.2 Der Einpaßvorgang

Die Positionierung des für die Osteosynthese benötigten Implantates stellt den aufwendigsten Teil der Operationsplanung dar, denn analytisch ist dieses Problem aufgrund der komplexen Oberflächengeometrie nicht beschreibbar. So wurden, gestützt auf Erfahrungen der beratenden Chirurgen, Paßkriterien definiert, die mit unterschiedlicher Gewichtung, die Grundlage für die Auswahl bilden. Sie teilen sich nach der Methodik der Problemanalyse in ´Fest´- und ´Mindestforderungen´.

Mindestforderungen sind Bewertungen, die möglichst gut erfüllt sein sollten, aber Kompromisse gestatten, um Freiheitsgrade bei der Entscheidung zu behalten. Festforderungen dürfen durch eine positionierte Winkelplatte nicht verletzt werden, um sie in der Auswahlliste zu belassen. Unbedingt zu erfüllen sind die Regeln:

⊗ Alle Kanten der Klingen müssen sich innerhalb des Femurs befinden.

⊗ Die Osteotomiefläche darf nicht geschnitten werden.

Nach einem Punktesystem (Die Zahl gibt dabei die ungefähre Gewichtung wieder) werden die Mindestforderungen eingestuft :

❷ Die Klinge sollte die Richtung der Halsachse besitzen.

❺ Die Klingenspitze sollte sich in der Nähe des Kopfmittelpunktes befinden.

❺ Die Klinge sollte durch den engsten Punkt des Femurhalses verlaufen.

❿ Die Einschlagstelle der Winkelplatte sollte mindestens 10 mm über der Osteotomiestelle liegen.

Dem dabei verwendeten Verfahren liegt ein iterativer Prozeß zugrunde, der für jedes Implantat alle Positionen prüft und diese entsprechend den oben erwähnten Kriterien auf Regelverletzungen und den Paßsitz testet. Zuerst wird eine Ebene bestimmt, in der eine Winkelplatte, beginnend vom obersten Punkt des Femurs bis zu einem befriedigenen Sitz, verschoben wird. Der Schnitt dieser Ebene mit den Kanten des umgestellten Knochens führt zu einer Schnittkontur, die die zur Positionierung nötigen Stützpunkte enthält. Die Ebene wird deshalb als *Konturebene* bezeichnet. Ihre Lagebestimmung geschieht über den Umweg dreier Hilfsstützpunkte, da die naheliegende Lösung, sie in die Ebene von Hals- und Schaftachse zu legen an deren windschiefer Lage zueinander scheitert.

Der erste Stützpunkt *A* liegt auf dem Lot von der Schaftachse auf die Halsachse und ist ein Drittel der Strecke näher beim Fußpunkt der Schaftachse. Dies hat sich für die Orientierung der Klinge als günstiger erwiesen. Die Konturebene wird durch einen Punkt und zwei Richtungsvektoren aufgespannt, wobei der erste Richtungsvektor (a) die Richtung der Schaftachse besitzt. Der zweite Richtungsvektor (b) zeigt vom Punkt *A* zum Punkt *B*. Dies ist die Mitte zwischen der Projektion des Gelenkkopfmittelpunktes auf die Halsachse und dem Fußpunkt des Lotes auf der Halsachse. Folgende Skizze soll die Verhältnisse veranschaulichen:

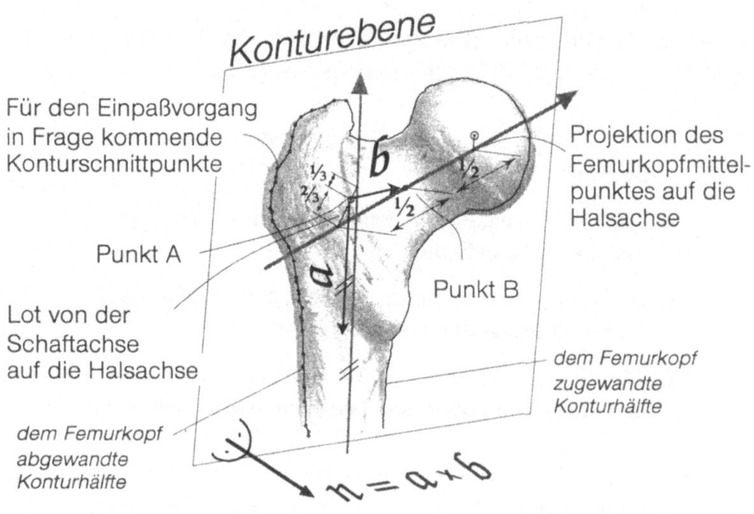

Bild 7-17: Ermittlung einer geeigneten Ebene für den Einpaßvorgang.

Danach wird die Kontur in eine Hälfte unterteilt, die auf der dem Kopf zugewandten Seite der Schaftachse liegt und in eine Hälfte, die dem Kopf abgewandt ist. Die Stützpunkte der Kontur werden dabei in Richtung der Schaftachse sortiert, so daß jeder der Stützpunkte in der Kontur als Stützpunkt der Positionierung dienen kann.

Entlang dieser Stützpunkte wird die Winkelplatte verschoben. Dazu wird ausgehend von jedem gerade zu testenden Punkt p_a ein zweiter p_b weiter unten auf der Kontur gesucht, der in Abstand der Schaftlänge zum ersten liegt. Existiert dieser Punkt nicht, folgt der Test des nächsten Implantates der Liste. p_c wird durch Drehung der Strecke $\overline{p_a p_b}$ um p_a entsprechend dem Implantatwinkel und der anschließenden Normierung auf die Klingenlänge ermittelt. Im Falle einer Unterstellung[14] des Implantates ist die Erzeugung eines weiteren Hilfspunktes p_d notwendig, da hier nur der am Schaft anliegende Teil der Winkelplatte als Strecke $\overline{p_a p_b}$ bezeichnet wird und die Klinge durch die Strecke $\overline{p_d p_c}$ zu nähern ist (s. Bild 7-18).

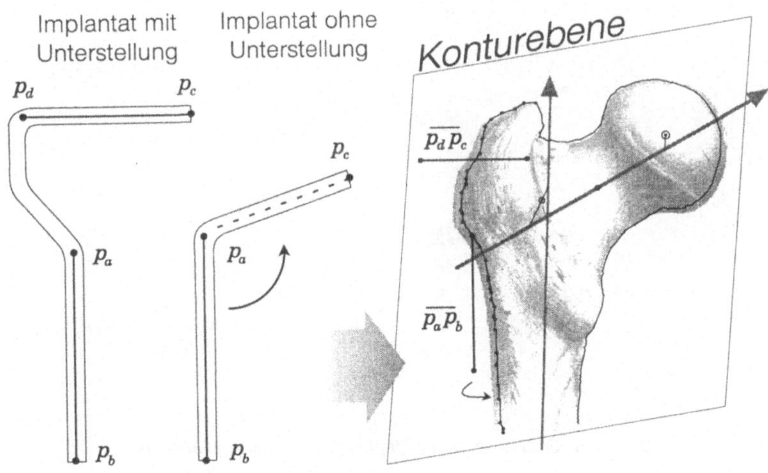

Bild 7-18: Einpaßvorgang eines Implantates.

---

[14] Unterstellung ist der medizinische Fachbegriff für die Kröpfung des Schaftbereiches einer Winkelplatte (s. Bild 7-18).

Diese Implantatnäherung wird nun zweimal am Femur durchgeführt. Während des ersten Durchganges wird die Mitte der engsten Stelle im Femurhals bestimmt, im zweiten Durchlauf wird dann untersucht, wie weit sich die Klinge diesem Punkt nähern kann, ohne andere Kriterien zu verletzen. Die engste Stelle wird, da diese je nach Implantat in verschiedensten Stellungen im Knochen zu liegen kommen kann, stets senkrecht zur Klinge berechnet. Ebenfalls erforderlich sind diese senkrechten Schnitte des Femurs zur Untersuchung der Paßkriterien. Hierfür werden mehrere Ebenen zwischen Schaftachse und Gelenkkopfmittelpunkt plaziert, um die gesuchten Schnittkonturen zu bekommen (s. Bild 7-19).

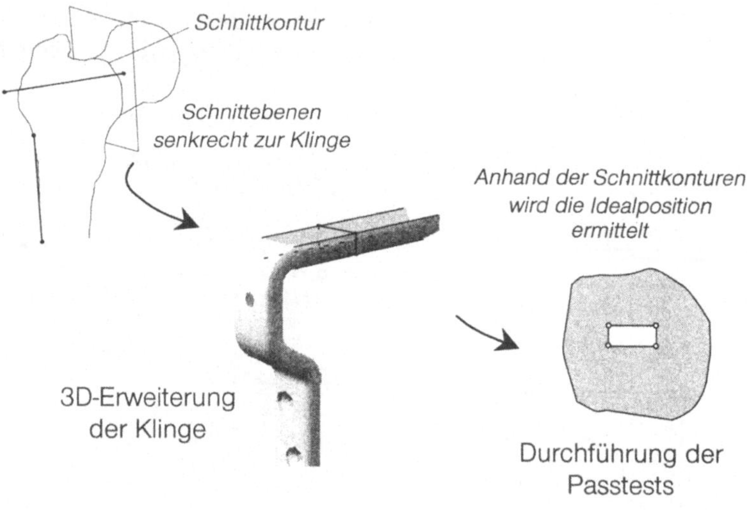

Bild 7-19: Suche nach der Idealposition eines Implantates.

Die Position der größten Annäherung des Implantates an die Idealposition wird gespeichert und dann der allgemeine Sitz dieser Position anhand der Paßkriterien bewertet.

7.5.2.1   Die Bewertung des Sitzes

Um die Qualität der vorgenommenen Positionierung beurteilen zu können, wird diese Lage unter Zuhilfenahme eines Punktesystems klassifiziert. Diese Bewertung basiert auf empirisch gefundenen Werten und gibt die Gewichtung wieder, die Chirurgen einzelnen Teilbedingungen beimessen. Eingestuft wird ein Implantat allerdings nur, wenn es vorab die formulierten Festforderungen erfüllt.

Der Test der zu erfüllenden Bedingungen erfolgt im dreidimensionalen Raum. Hierfür wird aus der Liniennäherung ein Umrißbild gewonnen und jede dieser begrenzenden Kanten auf ihre Position im Knochen bzw. auf ihre Lage zur Osteotomiestelle hin untersucht.

Geprüft wird, ob der Schnitt einer Kante mit der Konturebene innerhalb dieser Kontur (wünschenswert beim Positionieren der Klinge im Femur) oder außerhalb der Kontur (die Osteotomiestelle darf nicht geschnitten werden) liegt. Der verwendete Algorithmus wird als Jordan-Algorithmus bezeichnet und normalerweise bei CSG (Constructive Solid Geometry) - Operationen in der Computergraphik verwendet. Diesem Algorithmus liegt der Gedanke zugrunde, daß ein Punkt, der eine Hülle im 3-D-Raum oder eine Kontur im 2-D-Raum ins Unendliche verlassen will, eine unterschiedliche Anzahl Hüllflächen/-strecken zu passieren hat. Liegt er zuvor im Inneren, muß seine Wegstrecke die Hülle im einfachsten Falle zumindest einmal schneiden. Ist die Oberfläche allerdings kompliziert aufgebaut, so kann es geschehen, daß er sein Objekt verläßt, wieder eindringt, es wieder verläßt und so fort. Aus diesem Ansatz läßt sich leicht die Regel aufstellen, daß die Anzahl aller Schnitte mit begrenzenden Flächen/Strecken gerade ist, wenn sich der Punkt außerhalb der Kontur befindet und ungerade im Falle einer Lage innerhalb der Kontur.

Zuletzt wird noch die Transformation erzeugt, die eine aus der Bibliothek entnommene Winkelplatte in die gewünschte Endlage bewegt. Dazu werden drei Hilfspunkte p_1, p_2, p_3 in dem Geometrie beschreibenden Bezugssystem der Winkelplatte bestimmt, die durch Anwendung der gesuchten Transformation auf die Stützpunkte p_a, p_b, p_c abgebildet werden.

7.5.2.2 Bohrungen und Schrauben

Aus der Lage des gewählten Implantates wird die Position der Befestigungslöcher berechnet und die Länge l_j der jeweiligen Schraube ermittelt. Dazu wird ein zum Schaft der Winkelplatte (Strecke $\overline{p_a p_b}$ im Bild 7-18) senkrechter und auf der Konturebene liegender Strahl verwendet, der vom jeweiligen Befestigungsloch zur dem Femurkopf zugewandten Konturhälfte (im Bild 7-17 dargestellt) zeigt. Der Abstand der Schnittpunkte mit den beiden Konturen *zugewandt* und *abgewandt* (s. Bild 7-17) plus die Dicke des Implantates am Befestigungsloch ist gleich der Schraubenlänge l_j. Die längste Schraube aus der Bibliothek wird verwendet, für die $l_{Schraube} \leq l_j$ gilt. Bei der Bestimmung der distalen (unterste) Schraube wird darauf geachtet, daß $l_{Schraube} \leq l_j/2$ ist. Die letzte Schraube ist kurz, damit die Knochenelastizität nicht abrupt geändert wird [Müll92].

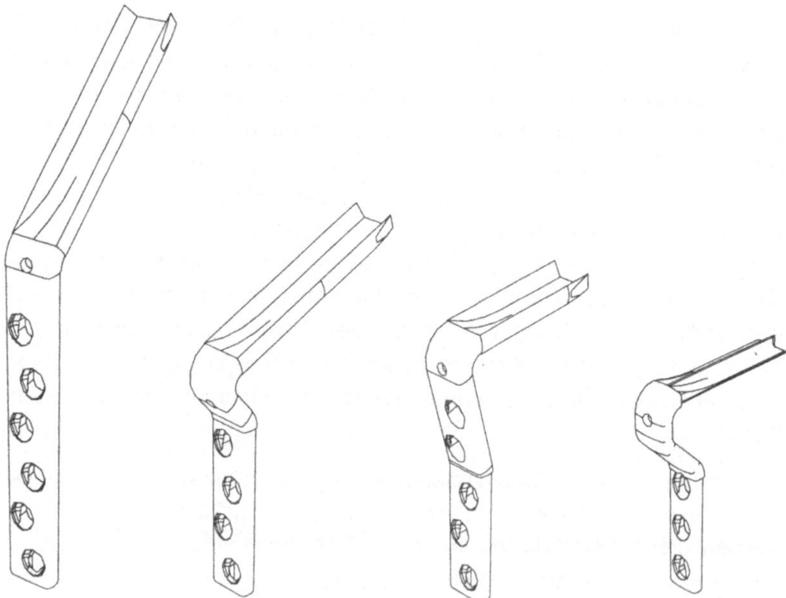

Bild 7-20: Winkelplatten zur Osteosynthese.

7.6   Auswahl und Einsatzplanung der chirurgischen Instrumente

Das Ergebnis der Operationsplanung sind eine Vielzahl von Resektionsebenen, die durchzutrennende oder zu entfernende Knochenteile begrenzen, sowie Bohrungen, die die Verankerung der einzusetzenden Implantate zulassen. Der Mediziner muß nun unter Berücksichtigung der Randbedingungen wie Zugangsprobleme, Ausmaß des freigelegten Gebietes und Anatomie die Einsatzweise der robotergeführten Instrumente an den ermittelten Stellen in der Simulation festlegen.

In Analogie zur Arbeitsvorbereitung in der Fertigungstechnik kommt die Operationsplanung einer fertigungstechnischen Beratung und Methodenplanung gleich. Die Auswahl der geeigneten Implantate entspricht der Materialplanung. Die Planung der Therapiedurchführung findet sich in der Ablauf- und Betriebsmittelplanung wieder. Hier muß gemäß der Ergebnisse der Operationsplanung ein geeigneter Arbeitsplan erstellt werden. Dieser soll folgende Informationen enthalten:

- welche chirurgischen Instrumente

- für welche Operationsschritte (Arbeitsvorgänge) benötigt werden,

- wie sie verwendet werden (Funktionsweise) und

- die damit verbundenen zeitlichen und räumlichen Parameter.

Der hier interaktiv herzustellende Arbeitsplan wird weiterhin als Operationsplan bezeichnet. Dieser ist die Grundlage für das bei der roboterunterstützten Therapiedurchführung nötige objektbezogene Roboterprogramm. Das zu erzeugende objektbezogene Programm erlaubt die Anpassung an die reale Lage des biologischen Objekts relativ zum Roboter während der Operation.

Zur Beschreibung der chirurgischen Instrumente in der Simulation wird - anstatt des objektfesten Koordinatensystems, in dem die Werkzeuggeometrie beschrieben wird - ein Wirkkoordinatensystem (s.g. Tool Center Point, kurz TCP) verwendet. Dieses beschreibt die Funktionalität des Werkzeuges und wird benutzt, um die Lage des Werkzeuges relativ zu dem zuvor zu bestimmenden Referenzbezugssystem abzulegen (s. Bild 7-21).

Bei der Einsatzplanung werden die Instrumente im Simulationsraum auf die jeweils zu bearbeitende Stelle so plaziert, daß durch Drehung und Bewegung in den zulässigen Raumrichtungen des jeweiligen Wirkkoordinatensystems die auszuführende Tätigkeit optimal beschrieben werden kann (s. Bild 7-21).

Die zeitlichen und räumlichen Paramter sowie die Funktionsweise der Instrumente werden implizit durch die für die Bearbeitung kennzeichnenden Positionen im Operationsplan festgehalten. Diese sind die Anfangs- und Endposition der Instrumente auf der Bearbeitungsstrecke. In den nächsten Kapiteln werden die Funktionsanalyse und -modelle der für diesen Zweck relevanten Instrumente präsentiert.

Ein Arbeitsvorgang wird im Operationsplan gemäß der nachfolgenden Syntax in der erweiterten Backus-Naur Form [Wirt84] beschrieben:

```
ARBEITSVORGANG = Werkzeugname
POSITIONSEINTRAG {POSITIONSEINTRAG}

POSITIONSEINTRAG = Positionsame
x,y,z,al,be,ga
```

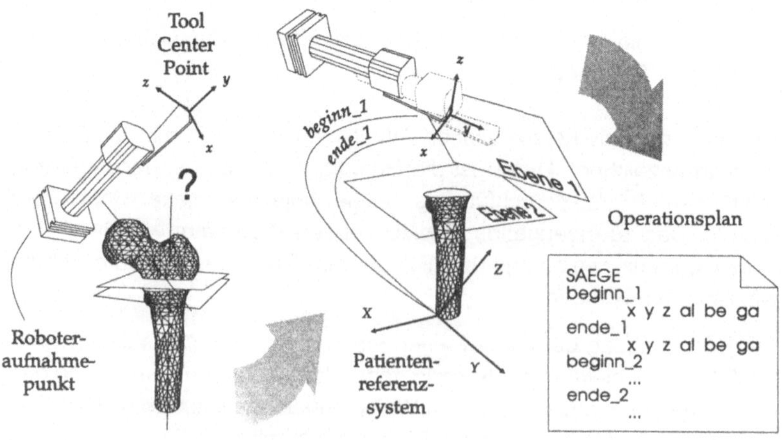

Bild 7-21: Planung der Therapiedurchführung.

Dies bedeutet, daß ein Eintrag mit dem Werkzeugnamen beginnt, gefolgt von mindestens einem Positionseintrag, der aus Positionsname und Angabe der Lage des Werkzeug-TCP im Referenzbezugssystem besteht (x, y, z ist die Translation; al, be, ga ist die Rotation ähnlich Euler-Winkel).

7.6.1   LASER-Zeigerinstrument

Dieses Instrument wird zur optischen Anzeige von Resektionsebenen bei einem passiven Robotereinsatz verwendet. Seine Funktion wird vollständig beschrieben durch Angabe von dessen Position relativ zum Referenzbezugssystem.

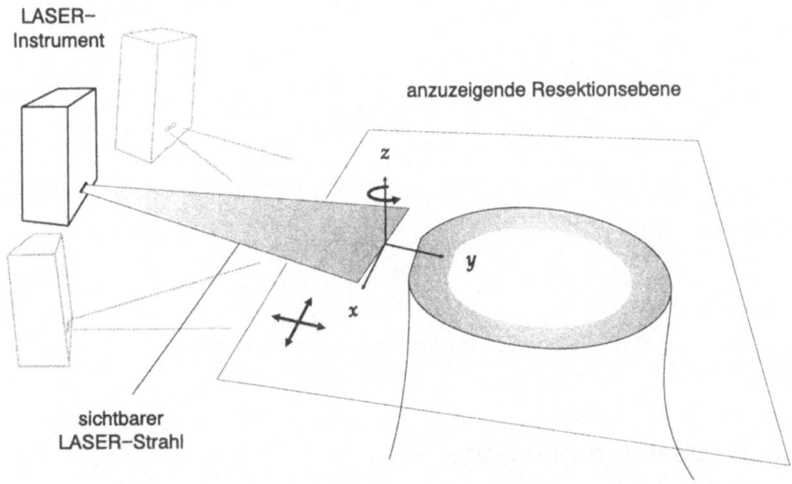

Bild 7-22: Bewegungsfreiheit des LASER-Instrumentes.

Die zulässigen Freiheitsgrade zur interaktiven Positionierung sind Translation entlang der X- und Y-Achse sowie Rotation um die Z-Achse (s. Bild 7-22). Damit wird bei der manuellen Positionierung verhindert, daß das Instrument aus der Resektionsebene hinaus bewegt werden könnte.

7.6.2 Bohrer

Der Bohrer wird verwendet, um Löcher für Schrauben vorzubereiten oder um Orientierungskanäle zu bohren, an welchen im Knochen zu verankernden Implantatteile ausgerichtet werden sollen. Der Eintrag im Operationsplan benötigt, im Gegensatz zum LASER-Instrument, die Angabe einer zweiten Position. Zusammen ergeben sie die Länge der Bohrung, wodurch die Funktionsweise des Bohrers eindeutig definiert ist.

Zur manuellen Positionierung genügt die Verschiebung entlang der Z-Achse vom TCP, die ja identisch mit der Achse der Bohrung ist (s. Bild 7-23).

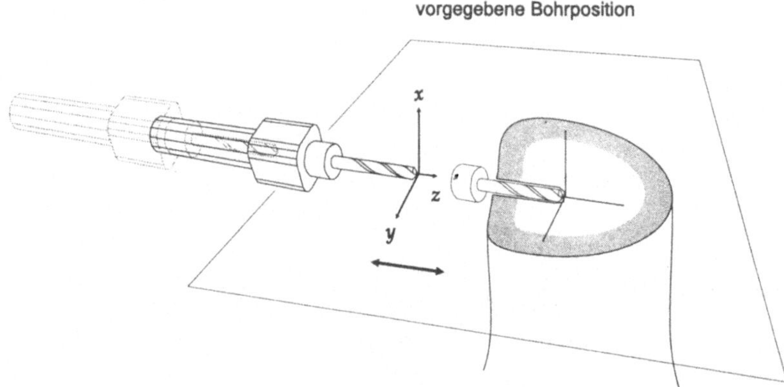

Bild 7-23: Bewegungsfreiheit des Bohrinstrumentes.

7.6.3 Oszillierende Säge

Die oszillierende Säge wird in ähnlicher Form wie der Bohrer beschrieben. Durch Angabe der Anfangs- und Endposition des Sägeblattes wird die Durchführung eines ebenen Schnittes vollständig beschrieben.

Die Bewegungsmöglichkeiten der Säge sind analog zum LASER-Instrument. Bei der Positionierung muß jedoch berücksichtigt werden, daß die Senkbewegung vom Anfangs- zum Endpunkt linear sein muß und deswegen die Rotation um die Z-Achse unterbunden werden muß (s. Bild 7-24).

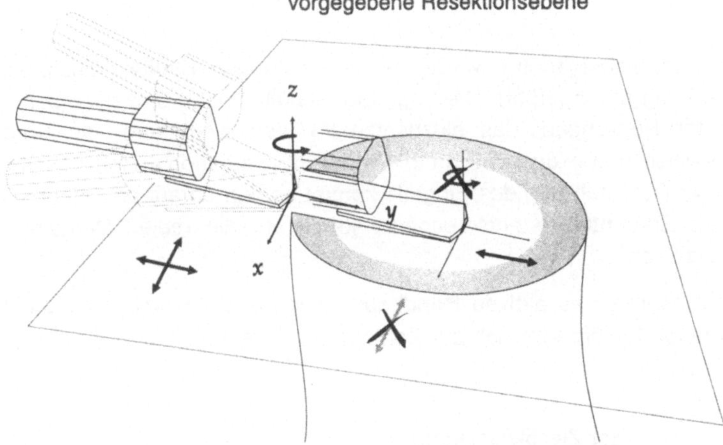

Bild 7-24: Bewegungsfreiheit der oszillierenden Säge.

Dieser Formalismus kann in ähnlicher Weise auf jedes neu in das Simulationssystem aufzunehmende Instrument angewandt werden.

8   Teilsystem zur Therapiedurchführung

Die Operationsplanung wurde wie im vorherigen Kapitel beschrieben vollständig durchgeführt. Die Lage der Schnittebenen und eventuell benötigter Bohrungen, das einzusetzende Instrumentarium, die Vorgehensweise sowie das geeignete Osteosynthesematerial sind bestimmt. Bei der Durchführung des Eingriffs kommt es nun darauf an, die gewonnenen Erkenntnisse entsprechend genau auf die realen Verhältnisse umzusetzen.

Der Einsatz eines aktiven Handhabungsgeräts zur Durchführung einer Operation beschränkt sich zur Zeit auf die Unterstützung des Chirurgen bei

- der Ziellokalisierung,

- der Einhaltung der Orientierung und

- der Führung von chirurgischen Instrumenten.

Das OP-Team darf in den Phasen vor und nach der Unterstützung vom Robotersystem nicht beeinträchtigt werden. Während der Unterstützung soll eine entsprechende Auslegung der Roboterkinematik und -peripherie Zugänglichkeitsprobleme auf ein Minimum reduzieren. Der Verlauf einer roboterunterstützten Operation stellt sich folgendermaßen dar:

1. Patientenvorbereitung und -lagerung.

2. Freilegung und Vorbereitung des Operationsgebietes.

3. Lageerkennung und Korrelation des biologischen Objektes zum Roboter.

4. Roboterunterstützte Durchführung der geplanten chirurgischen Maßnahme.

5. Durchführung der Osteosynthese.

6. Operationsgebiet verschließen.

Für das hier zu entwerfende System sind die Patientenlagerung, Lageerkennung, Korrelation und die roboterunterstütze Therapiedurchführung von Interesse. Lösungen für die Bewältigung dieser Aufgaben werden unter Berücksichtigung der im Kapitel 4 formulierten Anforderungen im folgenden vorgeschlagen.

8.1   Patientenlagerung

Die Patientenlagerung ist für die Durchführung der Therapie von großer Bedeutung und sollte so erfolgen, daß der später einzusetzende Roboter das geplante Vorhaben unter Berücksichtigung der Rand- und Sicherheitsbedingungen ungehindert ausführen kann. Die Lagerung des Patienten muß die folgenden Anforderungen erfüllen:

- Die aktuelle Lage des Referenzbezugsystems soll von dem eingesetzten Sensorsystem erkannt werden.

- Je nach eingesetztem Sensorsystem soll die Lagerung des Patienten die Einhaltung der korrelierten Verhältnisse gewährleisten. Dies bedeutet, daß bei einem Sensorsystem, das die aktuelle Lage des Patienten in Echtzeit nicht verfolgen kann, die räumlichen Beziehungen unverändert bleiben müssen.

- Der Patient soll so gelagert werden, daß das auszuführende Roboterprogramm sicher durchführbar ist.

8.1.1   Fixierung

Das Patientenlagerungskonzept richtet sich nach dem gewählten Prinzip des Sensorsystems und beschränkt sich auf die mechanische Fixierung. Das Sensorsystem korreliert Patienten und Maschine ein einziges Mal vor der eigentlichen Unterstützung durch den Roboter. Demnach sollte die zur Zeit der Korrelation eingestellte Konfiguration beibehalten werden, wenn kein weiterer Korrelationsvorgang stattfinden sollte. Für den ausgewählten Fall der Umstellungsosteotomie wird der distale Bereich des Oberschenkels samt Knie in einer Vakuumsschiene eingespannt (s. Bild 8-1). Im Rahmen dieser Arbeit durchgeführte Versuche an präparierten Femora haben ergeben, daß diese Art der Lagerung ausreichenden Halt bietet. Es darf nicht vergessen werden, daß das proximale Ende des Femurs (Femurkopf) relativ fest von der Muskulatur um die Gelenkskapsel gehalten wird und deshalb an diesem Ende keine weitere Fixierung notwendig ist.

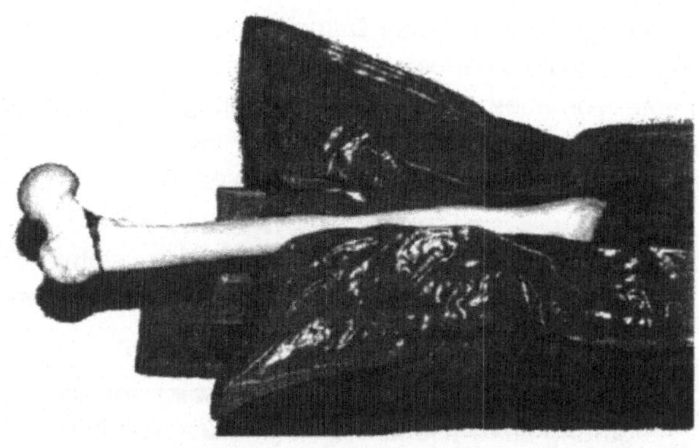

Bild 8-1: Vakuumsschiene.

8.1.2 Ermittlung der optimalen Roboter-Patienten-Anordnung

Die Frage nach dem eigentlichen Standort des Patienten relativ zum Roboter sollte vor der Opeartion geklärt werden, da durch die Wahl der Anordnung von Maschine und Patient implizit bereits die Erreichbarkeit und damit die Ausführbarkeit des zu erstellenden Roboterprogrammes festgelegt wird. Eine nachträgliche Änderung der Anordnung ist aufgrund der Vielzahl von sich teilweise widersprechenden Einflußparametern mit sehr großem Zeitaufwand verbunden. Im folgenden wird ein Ansatz zur automatisierten Ermittlung der optimalen Anordnung 'Roboter-Patient' vorgestellt.

Die Relevanz der optimalen Anordnung "Roboter-Patient" wird bei einer genaueren Analyse des Vorgehens einer roboterunterstützten Operation erkannt. Vor dem Eingriff wird der Patient auf dem OP-Tisch gelagert, um danach das Operationsgebiet vorzubereiten (freilegen). Bis dahin arbeitet das OP-Team in gewöhnter Weise. Nachdem der Zugang zum Operationsfeld geschaffen wurde, kann nun der Roboter für die Präzision erfordernden Schritte herangezogen werden. Der Roboter mit dem dazu nötigen Instrumentarium (denkbar wäre beispielsweise eine fahrbare Einheit, auf der Roboter und Instrumentenmagazin angebracht sind) wird erst zu diesem Zeitpunkt an den OP-Tisch gebracht und daran mittels eines Ankoppelungsmechanismus befestigt, um Relativbewegungen zu unterbinden. Sobald die Hilfestellung durch den Roboter vollbracht ist, wird dieser vom OP-Tisch entfernt. Das OP-Team kann so ungehindert die Operation zu Ende führen (bei einer Osteotomie: Osteosynthese und Wundverschluß). Im Bild 8-2 sind die bei der OP-Anordnung zu berücksichtigenden Freiheitsgrade dargestellt. Nur bei der richtigen Wahl dieser Parameter ist mit der Ausführbarkeit des Roboterprogrammes zu rechnen.

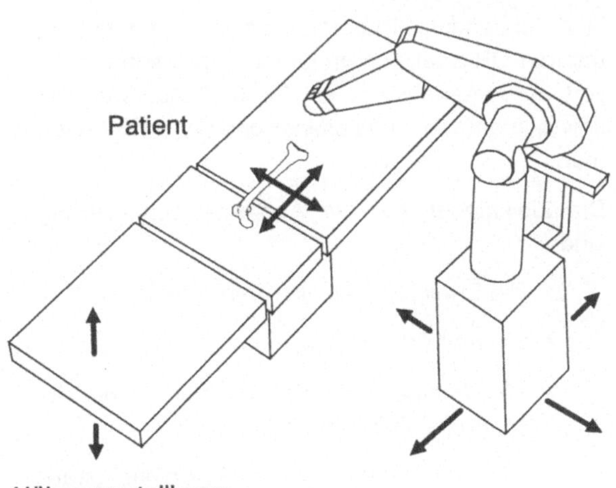

Bild 8-2: Freiheitsgrade der Roboter-Patienten-Anordnung.

In [Woen92] und [Woen94] wird ein System zur automatischen 3D-Anordnungsoptimierung von Komponenten von Montagezellen vorgestellt, in dem numerische Parameteroptimierungsverfahren mit einem 3D-Simulationssystem gekoppelt wurden. Im Simulationssystem können Modelle von Montagezellen für den Einsatz von Optimierungsalgorithmen parametrisiert werden. Die Algorithmen schlagen zielgerichtet neue Komponentenstandorten vor. Die Anpassung der Roboterprogramme an die neuen Aufstellpositionen und die Ermittlung verschiedener Zielkriterien wird innerhalb der 3D-Simulation durchgeführt. Die so erzeugte Zwischenlösung kann nach mehreren Zielgrößen, wie z.B. Erreichbarkeit, Kollisionsfreiheit, zurückgelegter Weg, Taktzeit, usw. bewertet werden [Woen94].

Für die in dieser Arbeit vorliegende Aufgabenstellung wurde das Layoutoptimierungssystem übernommen und gemäß den folgenden Punkten angepaßt:

- Aufgrund des Operationsplans wird ein elementares Roboterprogramm generiert, in dem nur die Instrumentenbewegungen am Operationsgebiet berücksichtigt werden und das Roboterbezugssystem mit dem Patientenbezugssystem zusammenfallen.

- Der verwendete Roboter, das Instrumentarium, und der OP-Saal wurden für die Simulation modelliert. Außerdem wurde ein Bearbeitungsraum definiert, in dem sich das biologische Objekt befinden muß.

- Die Zielkriterien bei der Anordnungsoptimierung sind:

    + die Erreichbarkeit aller Positionen,

    + die Kollisionsfreiheit,

    + die Summe der zurückgelegten Wege, die möglichst klein sein soll,

    + und die Einhaltung des Bearbeitungsraumes sowie bevorzugter Lagen des biologischen Objektes (z. B. darf der Patient nur liegend operiert werden).

98

- Die Bewertungsfunktionen der einzelnen Roboter-
  achsen wurden so gewählt, daß ihre Mittellage im
  jeweiligen Arbeitsbereich bevorzugt wird.

Die einzelnen Komponenten und die Funktionsweise des Systems zur
Anordnungsoptimierung sind im Bild 8-3 dargestellt.

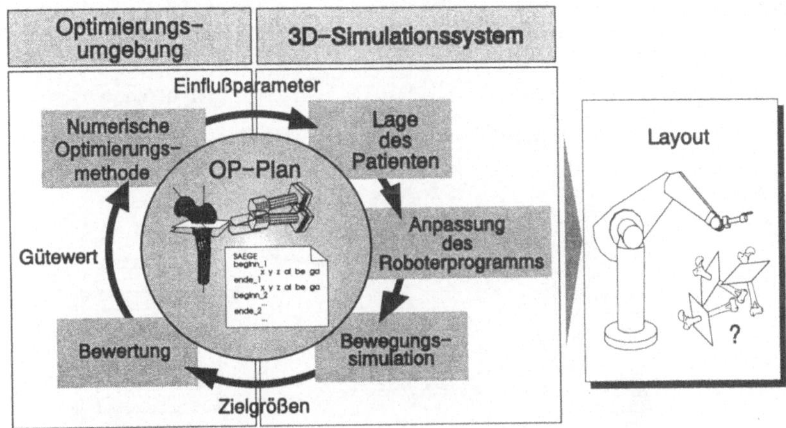

Bild 8-3: Komponenten und Funktionsweise des Systems zur Anordnungsoptimierung
(nach [Woen92]).

Das Ergebnis der Optimierung ist die bevorzugte Lage des biologischen
Objektes, für die die oben erwähnten Kriterien optimal erfüllt werden.
Diese optimale Anordnung von Patienten und Roboter stellt für das OP-
Personal eine Sollage dar, die natürlich ohne Hilfsmittel nur ungenau
erreicht werden kann. Da aber durch die formulierten Bewertungsfunktionen eine Lösung gefunden wird, bei der die einzelnen Achsen des
Roboters von ihrer Mittellage wenig abweichen werden, so verursachen
kleine bis mittlere Abweichungen von dieser Sollage keine Schwierigkeiten, die die gewählten Zielkriterien verletzen würden. Dies wurde
sowohl in der Simulation als auch in der Realität bestätigt.

8.2   Objektwiedererkennung und Korrelation

Um ein Roboterprogramm an die reale Lage des Femurs relativ zum Roboter in der Operation anzupassen, muß die verwendete Transformation zwischen Roboterbezugs- und Referenzkoordinatensystem abgelegt sein. Diese Transformation kann in der Operation anhand der im Kapitel 5.2.3 vorgestellten Referenzmarken sensorisch ermittelt werden (s. Bild 8-4).

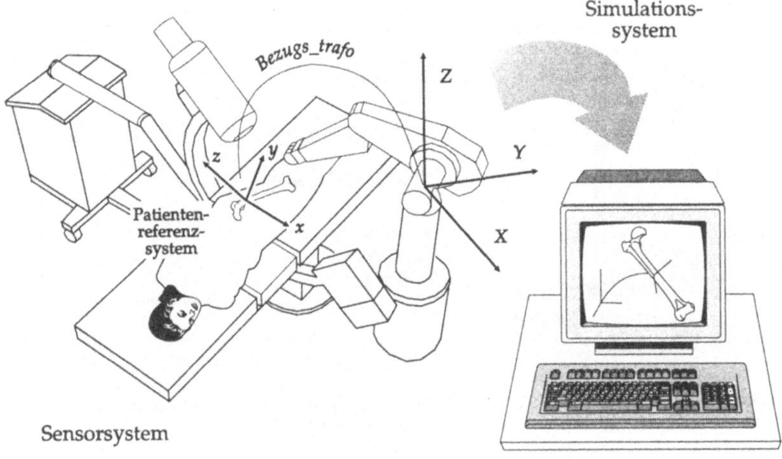

Bild 8-4: Lage des Objektbezugssystems bezüglich des Roboterbezugssystems.

Eine mechanische Abtastung der Referenzmarken wie in [Paul92] oder in [Wang94] wird aufgrund der zusätzlichen massiven Belastung für den Patienten bei der Freilegung der implantierten Marken strikt abgelehnt. Die berührungslose Korrelation wird mit einer Röntgenvideokamera (z.B. C-Bogen-Röntgengerät) realisiert. Aus verschiedenen Blickwinkeln werden die Referenzmarken beobachtet und aus den Bildern deren Position mittels Triangulation bestimmt.

8.2.1   Voraussetzungen

Die räumliche Lage der Kamera und ihres Blickwinkels bei den jeweiligen Aufnahmen sind die Voraussetzungen für die Triangulation. Diese

100

Informationen werden als die *externen* Parameter der Kamera bezeichnet. Leider folgt die Abbildung in der Praxis nicht immer der optischen Theorie und es entstehen Verzerrungen, die sich negativ auf die Triangulationsgenauigkeit auswirken. Diese Verzeichnungen sind jedoch systematischer Art und so besteht die Möglichkeit, sie mit geeigneten Algorithmen zu kompensieren. Die die Verzerrungen beschreibenden Parameter werden *intern* genannt.

Die internen und externen Parameter können durch die Beobachtung eines exakt vermessenen Gebildes (Kalibrierkörper) im Sichtbereich der Kamera ermittelt werden. Durch die Wiedererkennung von mehreren Koordinaten des Kalibrierkörpers in den aufgenommenen Bildern werden die Position der Kamera und deren Verzerrungseigenschaften gewonnen [Lenz87, Lenz88a, Lenz88b, Lenz89, Tsai87, Weng92]. Dieser Vorgang wird in der Photogrammetrie als *Kamerakalibrierung* bezeichnet [Kone84, Krau86].

Die mittels Triangulation zu ermittelnde Lage des (starren) biologischen Objektes im Raum ist durch drei Freiheitsgrade der Rotation und drei Freiheitsgrade der Translation gegeben. Bezüglich eines festen Koordinatensystems müssen also die Rotationsmatrix R und der Translationsvektor t bestimmt werden. Die Gesamttransformation $T(p)$ beschreibt dann die Lage des Objektes im Raum vollständig:

$$T(p) = \begin{pmatrix} R & t \\ 0 & 1 \end{pmatrix} \text{ mit } R = \begin{pmatrix} r_1 & r_2 & r_3 \\ r_4 & r_5 & r_6 \\ r_7 & r_8 & r_9 \end{pmatrix} \text{ und } t = \begin{pmatrix} t_x \\ t_y \\ t_z \end{pmatrix}$$

Zusammenfassend stellt man fest, daß für die Korrelation die

1. Kalibrierung der Kamera und

2. die Bestimmung der Objektlage mittels Triangulation

notwendig sind. Für die Lösung des Problems der Kamerakalibrierung haben sich drei aus der Literatur bekannte Verfahren durchgesetzt [Lenz87, Tsai87, Weng92]. Diese werden im nächsten Kapitel vorgestellt. Dabei werden die theoretischen Ausführungen nur kurz erläutert und eher auf die Untersuchung der Leistung (Genauigkeit, Geschwindigkeit, Robustheit) der einzelnen Verfahren Wert gelegt.

8.2.2 Kamerakalibrierung

Bevor auf das der Kamerakalibrierung zugrundeliegende Modell eingegangen wird, werden die Fehlermöglichkeiten erläutert, deren mathematische Modellierung zu genaueren Ergebnissen führen.

8.2.2.1 Fehlermöglichkeiten

- **Szenarium:** Die Bildverarbeitung kann durch eine
  schlechte Beleuchtung oder durch gänzliche oder
  teilweise Verdeckung wichtiger Gegenstände erschwert werden.

- **Abbildendes optisches System:** Von der Vielfalt
  der Abbildungsfehler (s. z. B. [Schr87]) berücksichtigen die untersuchten Verfahren die im Bild 8-
  5 dargestellten Bildmaßstabsfehler.

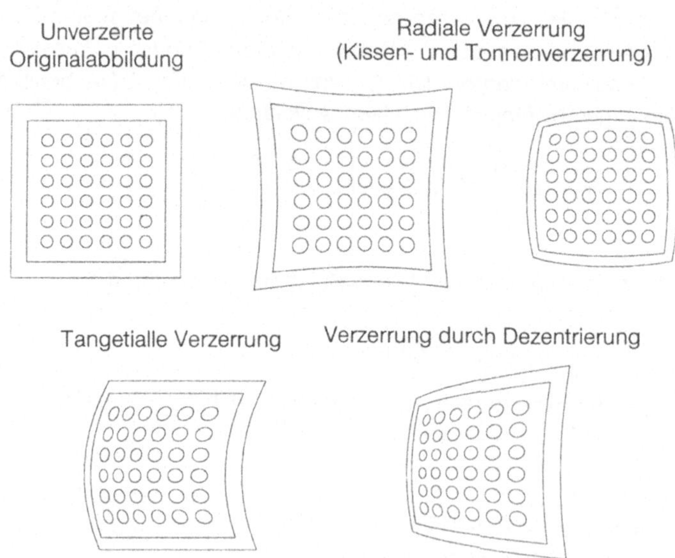

*Bild 8-5: Bildmaßstabsfehler, die bei der Kamerakalibrierung berücksichtigt
werden.*

- **CCD-Sensoren** (vom Englischen *Charged Coupled Device*): Die auf dem Prinzip der ladungsgekoppelten Elemente funktionierenden Kameras bereiten laut [Lenz88] keine nennenswerten Probleme in Bezug auf die Verzerrung, jedoch ist deren beschränkte Auflösung (Üblicherweise 576 oder 480 verwendete Zeilen mit ca. 380 bis 720 lichtempfindlichen Sensorelementen) bei weitem zu gering, um genaue Messungen mit nur ganzzahligen Pixelkoordinaten durchzuführen. Die Subpixelgenauigkeit kann durch flächenmäßige Mittelung der Punkte, die zu einer zu vermessenden Bildregion gehören, oder durch die Ausnutzung der Grauwertinformation an den Rändern erreicht werden.

- **Analog-Digital-Wandler** (Framegrabber): Der Framegrabber stellt dem Computer das analog von der Kamera gelieferte Bild in digitaler Form zur Verfügung. Die Elektronik hat i. allg. den Nachteil, daß die Zahl der von der Kamera gelieferten Zeilen pro Bild (bzw. Anzahl der Sensorelemente pro Zeile) und die Zahl der vom Framegrabber abgetasteten Zeilen (bzw. Abtastungen pro Zeile) verschieden sind. Für die Kalibrierung ist deswegen wichtig, die Skalierungsfaktoren (S_x und S_y) zu wissen, die die im Computer verfügbaren Pixel in ihre tatsächliche Größe auf der Projektionsebene der Kamera umrechnen.

- **Algorithmen:** Hier gilt es, eine optimale Kombination aus Exaktheit des Modells, numerischer Stabilität und Rechenaufwand zu finden.

8.2.2.2 Kameramodell

Das untersuchte Kameramodell findet seine Grundlage in der Zentralprojektion (s. Bild 8-6). Die Zentralprojektion stellt das einfachste Kameramodell (verzerrungsfreies Abbildungssystem) dar. Hier sind die zu bestimmenden Größen die Objekt- und Bildweite.

Dazu liefert der Strahlensatz folgende Beziehung:

$$X = b\frac{x}{z}; \text{ bzw. } Y = b\frac{y}{z};$$

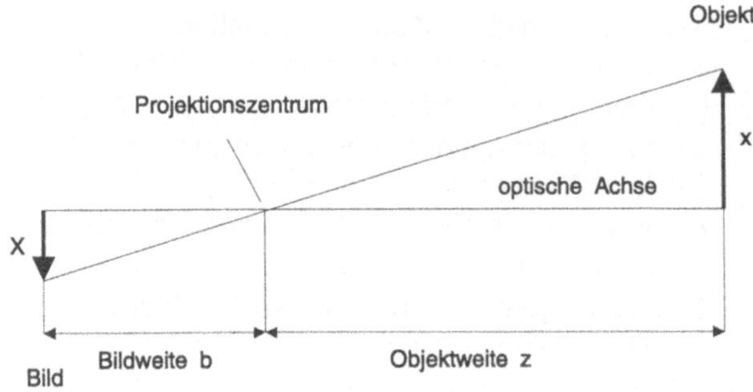

Bild 8-6: Zentralprojektion.

Das reale Kameramodell mit den zur Lageberechnung benötigten Koordinatensystemen ist im Bild 8-7 dargestellt. Das Koordinatensystem des für die Eichung der Kamera notwendigen Kalibrierkörpers wird als Weltsystem definiert (X_w, Y_w, Z_w). In diesem System werden alle Abbildungsgleichungen und Transformationen angegeben.

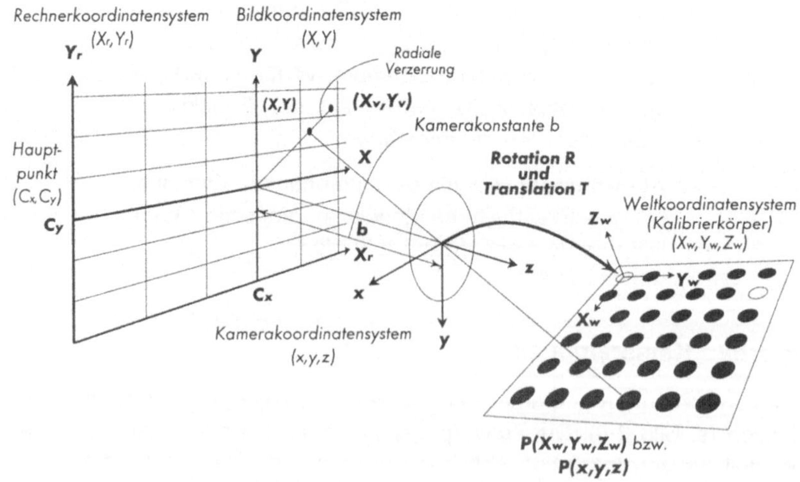

Bild 8-7: Modell für die Kamerakalibrierung.

Das Kamerasystem hat das Projektionszentrum als Ursprung. Die Z-Achse befindet sich auf der optischen Achse. Darin werden Bild- und Raumpunkte beschrieben. Das Bild- (X,Y) und das Rechnerkoordinatensystem (X_r,Y_r) befinden sich in der Bildebene der Kamera. Das Bildkoordinatensystem hat den Fußpunkt der optischen Achse (C_x,C_y) auf der Bildebene als Ursprung. Der untere linke Eckpunkt der Bildebene der Kamera entspricht dem Urprung des Rechnerkoordinatensystems. Die Koordinaten der Bildpunkte (X_v,Y_v) werden in Pixel oder Millimeter angegeben. Das hier verwendete Kameramodell berücksichigt die vom Radius abhängige Verzerrung (κ). Folgende Gleichungen können aufgestellt werden:

Punkt P im Kamerakoordinatensystem:

$$\begin{pmatrix} x \\ y \\ z \end{pmatrix} = \begin{pmatrix} r_1 & r_2 & r_3 \\ r_4 & r_5 & r_6 \\ r_7 & r_8 & r_9 \end{pmatrix} \begin{pmatrix} x_w \\ y_w \\ z_w \end{pmatrix} + \begin{pmatrix} t_x \\ t_y \\ t_z \end{pmatrix};$$

Perspektivische Abbildung:

$$X = b\frac{x}{z}; \; Y = b\frac{y}{z};$$

Radiale Verzerrung:

$$X = \frac{X_v}{1+\kappa\cdot R_v^2}; \; Y = \frac{Y_v}{1+\kappa\cdot R_v^2};$$

$$\text{mit } R_v^2 = X_v^2 + Y_v^2;$$

Verzerrter Punkt im Rechnerkoordinatensystem mit Skalierungsparameter S_x und S_y:

$$X_r = \frac{X_v}{S_x} + C_x; \; Y_r = \frac{Y_v}{S_y} + C_y;$$

Für die Berechnung der internen und externen Paramter verwenden alle vorgeschlagenen Methoden eine iterative Lösung des sich ergebenden inhomogenen Gleichungssystems. Durch Verwendung von mehr Punkten als die Mindestanzahl zur Lösung des Gleichungssystems erreichen die Lösungsmethoden eine Fehlerminimierung mittels Ausgleichsverfahren. Die Komplexität des Problems kann durch die Verwendung von ebenen Kalibrierkörpern (alle betrachteten Punkte liegen in einer Ebene) und durch die Annahme einer linearen Verzerrung verringert werden.

8.2.2.3 Lösungsmethoden und Ergebnisse

In [Lenz87] wurde ein Verfahren zur Kamerakalibirierung unter Verwendung eines ebenen Kalibrierkörpers erstellt. Darin werden der Hauptpunkt sowie die Skalierungsfaktoren a-priori berechnet. Die Berechnung der Rotation, Translation und der radialen Verzerrung erfolgt auf analytischem Wege. Im Rahmen der vorliegenden Arbeit wurde das Verfahren insofern erweitert, daß die Verwendung eines 3D Kalibrierkörpers möglich ist.

In [Tsai87] wurde ein ähnliches Verfahren vorgestellt. Hier werden wie in [Lenz87] der Hauptpunkt sowie der Skalierungsfaktor a-priroi berechnet. Die restlichen Parameter werden zum Teil durch Iteration gewonnen. Es existieren unterschiedliche Verfahren für die Behandlung von 2D oder 3D Kalibrierkörper.

Das in [Weng92] vorgestellte Verfahren berücksichtigt außer der radialen Verzerrung zusätzlich die durch tangentiale und Dezentrierung verursachte Verzerrung. Aufgrund der gegenseitigen Wechselwirkung der modellierten Verzerrungsarten besitzt das implementierte Verfahren ein eher instabilles Verhalten.

Die Auswahl des Kalibrierverfahrens erfolgte rechnergestützt. In einem dafür konzipierten Simulationssystem wurden jeweils die Verfahren nach Lenz und Tsai mit 2D und 3D Kalibrierkörper mit 36 Punkten getestet (s. Bild 8-8).

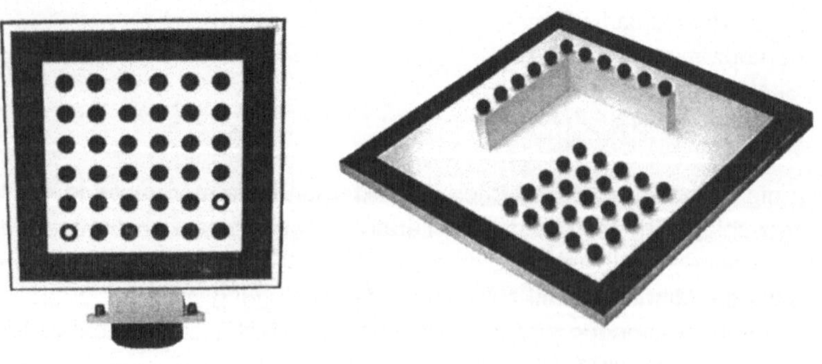

Bild 8-8: Verwendete Kalibrierkörper.

Das Verfahren nach Tsai ließ außerdem die Möglichkeit der vollen Optimierung zu. Das Verfahren von Weng wurde aufgrund der genannten Schwierigkeit für die Auswahl nicht herangezogen. Die für die Auswahl getesteten Einflußfaktoren waren:

- Anzahl der Aufnahmen (hier sollte festgestellt werden, ob für die Triangulation mehr als zwei Aufnahmen eine Steigerung der Genauigkeit mit sich bringt),

- Rechengenauigkeit (Genauigkeit der Subpixelpositionsbestimmung),

- Bildrauschen[15] (unregelmäßige statistisch schwankende Abweichung der Bildpunkte von der optimalen Position),

- Blickwinkel (Neigung der Projektionsachse gegenüber dem Kalibrierkörper),

- Radiale Verzerrung,

- Entfernung des Testobjektes vom Ursprung des Kalibrierkörpers.

Bei der Durchführung wurde jeweils ein Einflußfaktor festgehalten, während alle anderen in definierten Intervallen variiert wurden. Dabei wurde aus den simulierten Aufnahmen die Position des Testobjektes durch Triangulation bestimmt und der sich daraus ergebende Fehler gemittelt. Der Durchschnitt aller ermittelten Fehler je Verfahren ist im Bild 8-9 zu sehen.

Die Ergebnisse der Simulation wurden an einigen Versuchen validiert. Dabei wurde eine sehr gute Übereinstimmung der durchschnittlichen Abweichungen mit den in der Praxis beobachteten Ergebnissen festgestellt. Im Bild 8-9 ist ein deutlicher Genauigkeitsgewinn durch die Anwendung eines 3D-Kalibrierkörpers zu erkennen. Als eindeutiger Favorit gilt der Tsai-Algorithmus, dessen Version mit voller Optimierung die 10fache Rechenzeit als der schnellste Algorithmus (Lenz-2D) verbucht. Bei der verwendeten Hardware spielt jedoch die höchste

---

[15] Analog zum Rauschen in der Akustik wirkt sich das Bildrauschen als Störung aus.

Rechenzeit von ca. 1 CPU-Sekunde keine Rolle. Bemerkenswert ist die Tatsache, daß die Verwendung von mehr als die zwei erforderlichen Aufnahmen keine nennenswerte Verbesserung der Genauigkeit mit sich bringt.

Fehler [mm]

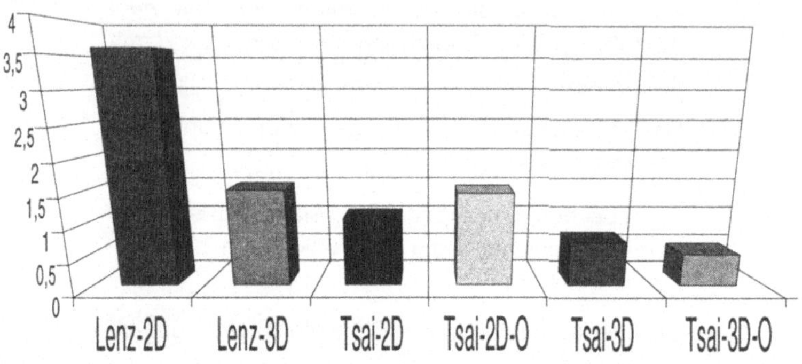

Bild 8-9: Genauigkeit der in der Simulation getesteten Verfahren zur Kamerakalibrierung.

8.2.3 Objektlagebestimmung

Mit den drei angebrachten Referenzmarken ist das Objektbezugssystem eindeutig bestimmt, sofern diese nicht auf einer Geraden liegen und die Marken eindeutig zugeordnet sind. Um die Lage des biologischen Objektes zu ermitteln genügt es, die Lage der drei Marken im Bezugssystem des Kalibrierkörpers (Weltbezugssystem) zu ermitteln. Das Korrelationsprinzip ist im Bild 8-10 zu sehen.

Der Kalibrierkörper kann starr mit dem Roboterarm verbunden werden, so daß sich jederzeit die Lage des Kalibrierkörpers (Weltsystems) im Robotersystem beschreiben läßt (Transformation K_{alib_trafo}). Das Objekt und der Kalibrierkörper werden nun aus zwei verschiedenen Positionen aufgenommen. In beiden Bildern werden nach erfolgreicher Kamerakalibrierung mit Methoden der Bildverarbeitung, die drei Referenzmarken gesucht und deren Koordinaten im Bildkoordinatensystem ermittelt. Mit ihnen lassen sich die Abbildungsgeraden der Referenzmarken auf den Sensorchip angeben. Diese werden mit der von der Kamerakalibrierung gelieferten Transformation vom Bildsystem ins Weltkoordinatensystem transformiert (s. Bild 8-7). Die Schnittpunkte der sechs Geraden stellen die dreidimensionale Lage der Marken im Weltkoordinatensystem dar (s. Bild 8-11).

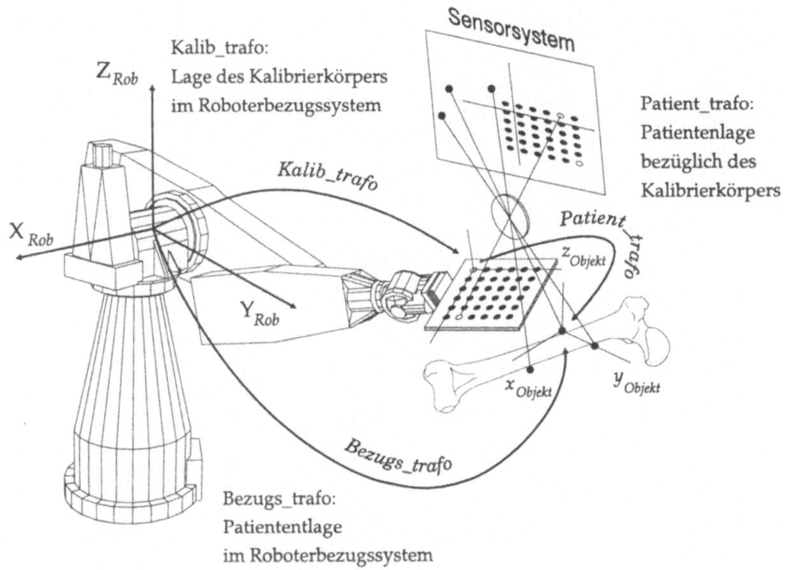

Bild 8-10: Korrelationsprinzip.

Bei Verwendung von mehr als zwei Bildern für die Triangulation werden die Geradengleichungen nach der Methode des minimalsten Fehler-quadrates zur Ermittlung des Schnittpunktes aufgelöst. Aus dem bereits vorhandenen Modell des Objektes samt Referenzmarken im Simula-tionssystem lassen sich die gefundenen Marken durch Vergleich der Abstände zwischen ihnen zuordnen. Durch Bildung eines Rechts-koordinatensystems mit den zugeordneten Marken kann die Lage des gesamten Objektes zunächst im Weltsystem angegeben werden (Trans-formation P_{atient_trafo}). Die Lage des Objektes im Roboterkoordinaten-system (B_{ezugs_trafo}) kann nun durch Multiplikation der Transformation vom Roboter- ins Weltsystem und der Transformation vom Welt- ins Objektsystem gewonnen werden:

$$B_{ezugs\_trafo} = K_{alib\_trafo} \cdot P_{atient\_trafo}$$

Diese erlaubt den Zugriff des Roboters auf das biologische Objekt.

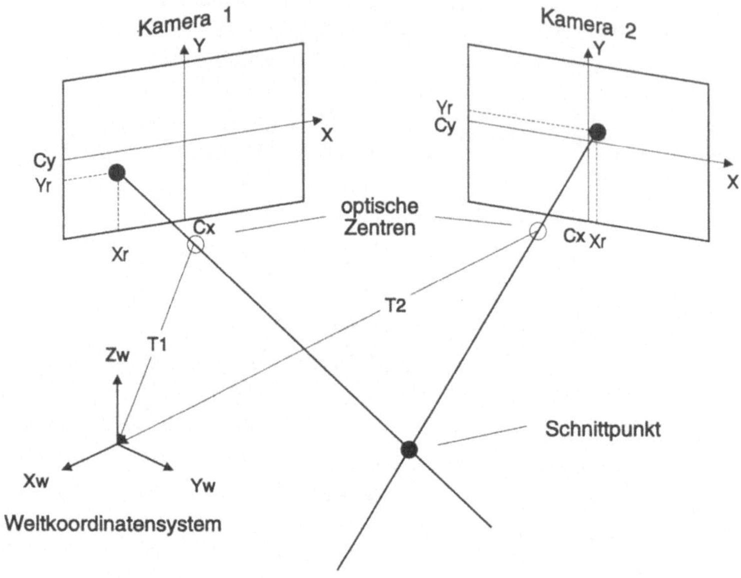

Bild 8-11: Triangulationsverfahren zur Lagebestimmung.

8.3   Durchführung der Therapie

Nachdem der Patient im OP auf dem OP-Tisch gelagert, dessen Position bezüglich der operationunterstützenden Maschine ermittelt und für die Operation vorbereitet wurde, erfolgt die

1. Generierung eines Roboterprogrammes und

2. dessen Ausführung (Therapiedurchführung).

8.3.1 Roboterprogrammierung

Der Einsatz eines operationsunterstützenden Roboters setzt dessen Programmierung in der Simulation voraus. Bei der Erstellung des Roboterprogrammes müssen folgende Punkte berücksichtigt werden:

- Das Roboterprogramm soll gemäß dem erstellten Operationsplan generiert werden.

- Die Position, die Funktions- und die Parametersteuerung der medizinischen Instrumente müssen im Roboterprogramm mit eingeschlossen sein.

- Die Bewegungen des Roboters sollen durch vom Roboterbezugssystem unabhängigen Bewegungssätzen die aktuelle Lage des Patienten (korrelierte Therapieeinrichtung) einbeziehen.

- Die Position von Gegenständen im Operationsraum, die zu Einschränkungen im Bewegungsumfang des Handhabungsgerätes führen könnten, müssen einbezogen werden.

Gemäß dem Operationsplan sind die Positionsangaben der medizinischen Instrumente bezüglich des Referenzbezugssystems festgelegt. Dies bedeutet für die Roboterprogrammierung, daß ein objektbezogenes Programm (weiterhin Relativprogrammierung) erstellt werden muß. Dabei werden Bewegungssätze folgender Art gebildet:

$$Z_{iel\_trafo} = B_{ezugs\_trafo} \cdot R_{elativ\_trafo}$$

Die Transformation B_{ezugs_trafo} wurde, wie im Kapitel 5.4.2.3 beschrieben (s. Bild 8-9), gefunden und stellt die Position des Objektes im Roboterinertialsystem dar. Die Transformation R_{elativ_trafo} stellt die Position des Werkzeuges bezüglich B_{ezugs_trafo} dar. Damit wird gewährleistet, daß unabhängig von der Lage des Objektes bezüglich des Roboterinertialsystems immer die gleiche Position und Orientierung des Werkzeuges bezüglich des Objektbezugsystems durch den Roboter angefahren wird (s. Bild 8-12).

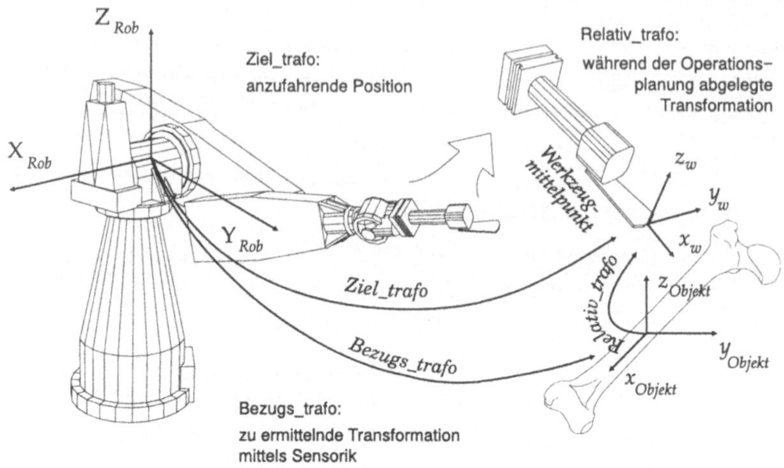

Bild 8-12: Relativprogrammierung.

8.3.2   Erstellung eines Roboterprogrammes

8.3.2.1   Übersetzung des Operationsplans

Für die Erstellung eines Roboterprogrammes aufgrund des Operationsplans wird ein ähnliches Konzept der Sprachinterpretation und des Postprozessors eingesetzt wie in der Off-Line-Programmierung von Robotern
[Wrba90]. Ausgehend vom Operationsplan wird mit Hilfe eines
Postprozessors zuerst ein Ablaufplan erstellt, der in einer universellen,
problemorientierten künstlichen Hochsprache die im Operationsplan
implizit enthaltenen Aufgaben in expliziter Form beschreibt. Somit stellt
der Ablaufplan eine von der Programmiersprache des zu verwendenden
Roboters unabhängige Folge von Anweisungen dar.

Ein zweiter Postprozessor übersetzt unter Berücksichtigung der
speziellen Möglichkeiten der Steuerung den Ablaufplan in die spezifische
Robotersprache. Bild 8-13 bietet eine Übersicht des Vorgehens.

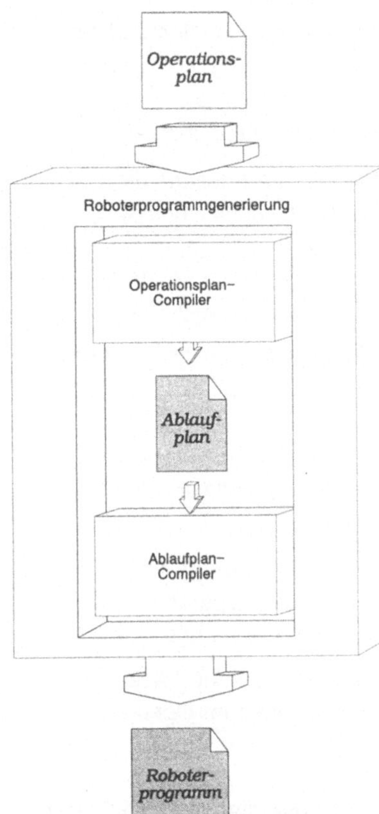

Bild 8-13: Vorgehen bei der Erstellung eines Roboterprogrammes.

Der für die Generierung eines Ablaufplanes notwendige Sprachschatz und dessen Syntax wird, wie bei dem Operationsplan, in der erweiterten Backus-Naur-Form festgelegt. Die syntaktische Überprüfung und Decodierung der Aktionsfolgen des Operations- und Ablaufplanes erledigt ein universell einsetzbarer Kommandoparser[16] [Wirt84]. Der Parser erkennt Kommandos und überträgt gefundene Parameter an die zugehörige Aktionsroutine. Die Routinen bedienen sich von Systemdateien, in denen detaillierte Informationen über die zu beschreibende Aufgabe enthalten sind, um die aktuelle Aktionsfolge zu übersetzten. Dies erlaubt einerseits die leichte Anpassung und Erweiterung der Generierung von Roboterprogrammen an wechselnde Anforderungen. Andererseits kann das vom gewählten Roboter unabhängige Konzept (offenes System) mit geringem Aufwand auf andere Robotertypen erweitert werden.

8.3.2.2   Bahnplanung

Die Festlegung der vom Roboter auszuführenden Aktionen alleine genügt nicht den Sicherheitsanforderungen an das Roboterprogramm. So

---

[16] Ein Parser (vom englischen *"to parse"* = Satz grammatisch zergliedern) ist ein Programm zur Satzanalyse durch dessen Zerlegung, um die syntaktische Gültigkeit eines Sprachausdruckes zu überprüfen.

ist der Bahnverlauf, den die Werkzeuge an der Roboterhand bei der Ausführung von Bewegungen hinsichtlich

- der Bewegungsart zwischen zwei Punkten und

- des Bewegungsumfangs, der von der Positon von Gegenständen im Operationsraum eingeschränkt wird,

näher zu untersuchen.

Die Bewegungen des Roboters werden für diesen Zweck wie folgt eingeteilt:

- Aufnahme- und Ablegebewegungen, bei denen Werkzeuge vom bzw. ins Werkzeugmagazin aufgenommen bzw. abgelegt werden,

- Transferbewegungen, bei denen Werkzeuge vom Werkzeugmagazin in die Nähe des Operationsgebietes gebracht werden oder umgekehrt und

- Positionierbewegungen, die das genaue Ausrichten und Bewegen des Werkzeuges im Operationsgebiet bewirken.

Aufnahme- und Ablegebewegungen müssen nur einmal in Teach-In-Verfahren festgelegt werden, da innerhalb der festen Roboterperipherie die Position der Werkzeuge im Werkzeugmagazin relativ zum Roboter konstant bleibt. Diese Bewegungsfolgen bilden einen festen Bestandteil der Systemdateien für die Generierung eines Roboterprogramms.

Eine genauere Betrachtung der Positionierbewegungen auf Kollision ist nicht sinnvoll, da sie naturgemäß das Eindringen der Werkzeuge in das zu bearbeitende Objekt bewirken.

Transferbewegungen können von mehrachsigen Kinematiken als Punkt-zu-Punkt-Bewegungen oder Bahnbewegungen ausgeführt werden. Punkt-zu-Punkt-Bewegungen haben als wichtigste Eigenschaft, daß alle Bewegungen der Achsen gleichzeitig beginnnen und enden. Der Bahnverlauf der Roboterhand kann jedoch nicht unmittelbar vorausgesagt werden. Als wichtigster Vertreter der Bahnbewegungen kann die Line-

114

arbewegung genannt werden. Hier beschreibt die Roboterhand eine lineare Bahn zwischen Start- und Zielpunkt [Taub90].

Um den formulierten Sicherheitsaspekten Rechnung zu tragen, müssen also die Transferbewegungen genau bekannt sein und entsprechend den aktuellen Verhältnissen im OP ausgelegt sein. Dafür ist es nötig, die Übersetzung eines Ablaufplanes mit dem Simulationssystem in Verbindung zu setzen (s. Bild 8-14). Zu diesem Zeitpunkt muß sich im Simulationssystem das gesamte korrelierte Layout des OP-Saals befinden (s. Bild 8-15).

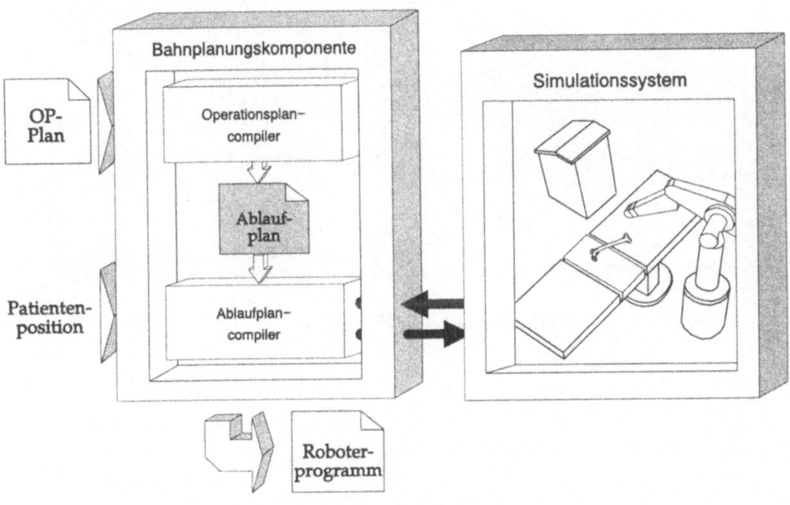

Bild 8-14: Bearbeitung des Operationsplans zur Generierung eines Roboterprogrammes.

Im Simulationssystem können dann die geplanten Roboterbewegungen auf Durchführbarkeit und Kollisionsfreiheit überprüft werden. Der Ablaufplanübersetzer kann außerdem Transferbewegungen in hinsichtlich des zurückgelegten Weges optimierten Bewegungssätzen vom Simulationssystem umplanen lassen. Das Bahnplanungsmodul des Simulationssystem [Stet94] liefert dazu die Stützpunkte, die eine optimierte Bahn zwischen der Start- und Endposition der Transferbewegung (s. Bild 8-16) definieren.

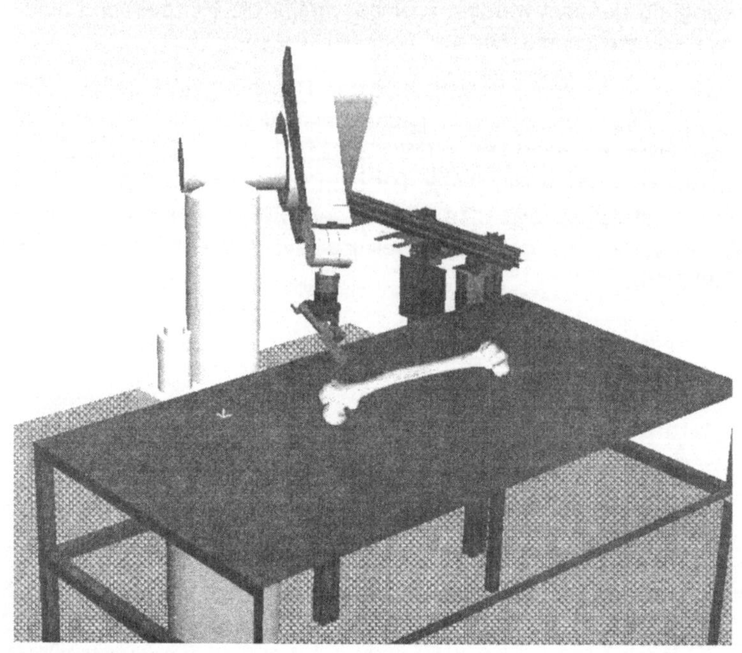

Bild 8-15: Korreliertes Layout des OP-Saals im Simulationssystem.

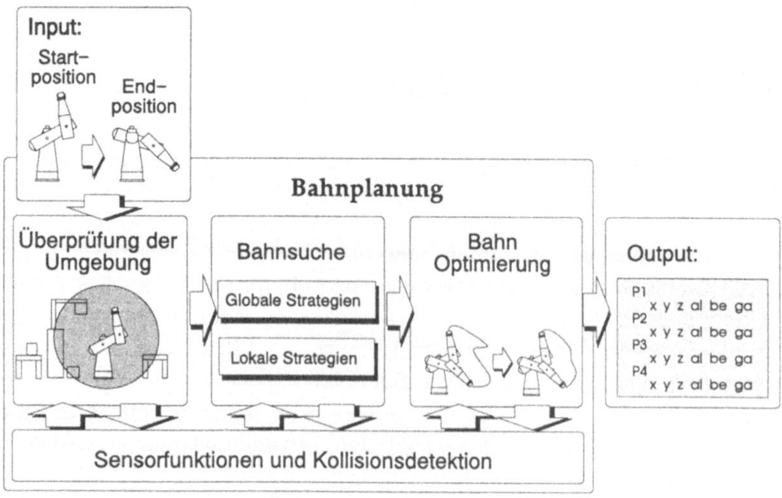

Bild 8-16: Bahnplanung.

8.3.3   Positioniergenauigkeit des Handhabungsgerätes

8.3.3.1   Hintergrund

Ein bekanntes Problem der Off-line-Programmierung ist die Abweichung der Simulation von der realen Welt, deren Ursache in der erreichten Abbildungsgenauigkeit liegt. Insbesondere ist es problematisch, aufgrund der mannigfaltigen zu erfassenden Fehler das Verhalten der Positioniergenauigkeit von Robotern mit herkömmlichen Verfahren mit einem hohen Treuemaß zu simulieren. In [Mun87] werden die Fehlerursachen, die für die Abweichung der Lage des Endeffektors (TCP) im Roboterbezugssystem verantwortlich sind in Modellparameterfehler und sekundäre Fehler unterteilt (s. Bild 8-17).

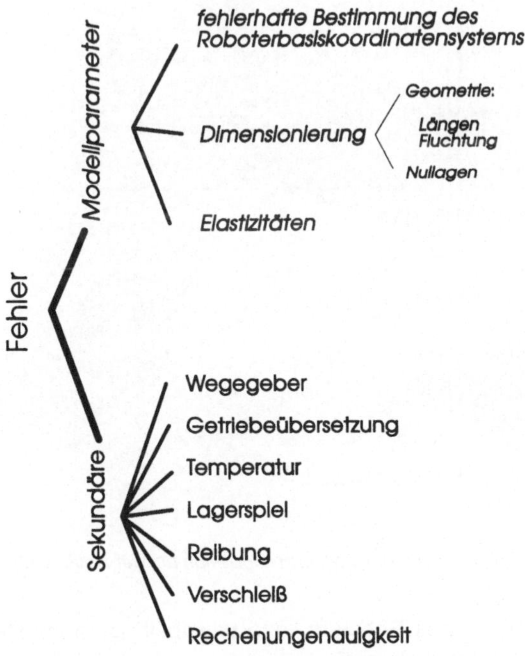

Bild 8-17: Fehlerursachen bei der Positioniergenauigkeit von Robotern (nach [Mun87]).

Die Modellparameterfehler bedeuten eine Abweichung vom physikalischen und mathematischen Modell bzw. die ungenaue und unvollständige Erfassung und Abbildung des realen Roboters. Dabei sind Dimensionierungsfehler auf Fertigungs- und Montagetoleranzen zurückzuführen. Als sekundäre Fehler werden diejenigen genannt, die mit den zur Zeit bekannten Methoden nicht mit der erforderlichen Genauigkeit erfaßt bzw. mathematisch sinnvoll modelliert werden können.

In dem vorliegenden Fall interessiert der Sachverhalt, daß der Roboter die relativ zum biologischen Objekt festgelegte Position nicht exakt anfahren kann (s. Bild 8-18). Die Anwendung eines Verfahrens zur Fehlerkorrektur soll für Abhilfe sorgen.

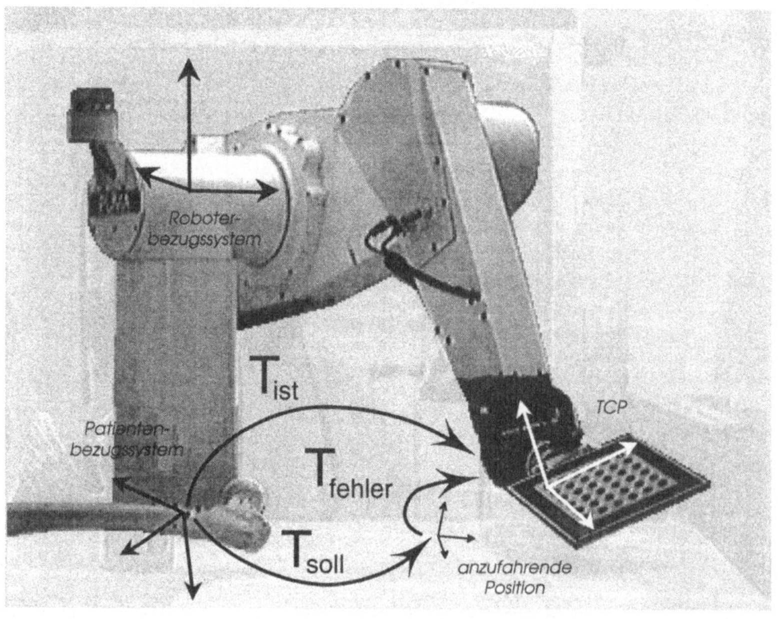

Bild 8-18: Abweichung von der Soll- und Istposition bei der Relativprogrammierung.

Die Kalibrierung eines Roboters kann prinzipell durch direkte oder indirekte Verfahren geschehen. Eine mathematische Modellbildung liegt den indirekten Verfahren zur Grunde, in denen die Modellprameter durch Gewinnung von geeigneten Meßdaten und unter Verwendung von nicht linearen Minimierungsmethoden in höher dimensionalen Räumen ermittelt werden. Für die Modellierung der möglichen Fehlerursachen mit indirekten Methoden wurden in der Literatur verschiedene Verfahren vorgeschlagen. Ihre Komplexität reicht von der einfachen Ermittlung der Achsengeometrie wie in [Schi91], bis hin zur Berücksichtigung von allen Modellparametern und einigen sekundären Fehlern wie in [Mun87]. Ein Überblick über dafür verwendbare Meßeinrichtungen bietet [Trad91].

Bei den direkten Verfahren wird dagegen auf ein aufwendiges mathematisches Modell verzichtet. Die tatsächlichen Positionierfehler des Roboters werden mittels einer Meßeinrichtung erfaßt und im On-line-Betrieb berücksichtigt (z.B. [Jano91]). Diese haben den Nachteil, daß sie sich nur für statische bzw. quasi-statische Aufgaben eignen (dynamische Effekte bleiben unberücksichtigt) und daß die Ermittlung der Positionierfehler unter der Aufgabe möglichst ähnliche Bedingungen[17] erfolgen muß.

Da sich die Roboterunterstützung in dem vorliegenden Fall lediglich auf die Zielfindung beschränkt und quasi-statische Bedingungen herrschen, werden hier die direkten Verfahren verfolgt.

8.3.3.2   Genauigkeitskenngrößen

Für das im folgenden dargestellte Korrekturverfahren werden die Definitionen und Bezeichnungen verwendet, die in [VDI2861] festgelegt wurden. Aus der großen Vielfalt der verschiedenen Kenngrößen ist für die vorliegende Anwendung nur die Programmiergenauigkeit von Interesse[18]. Sie beschreibt die Auswirkung systematischer Abweichungen von der programmierten Sollposition bzw. Sollorientierung. Charakteristische Größen zur Angabe der Programmiergenauigkeit sind die mittlere Positionsstreubreite P_s, mittlere Orientierungsstreubreite O_s und die

---

[17] Einsatzbedingungen wie Last oder Umgebungs- und Betriebstemperatur spielen eine entscheidende Rolle bei der Ermittlung der Genauigkeitskenngrößen eines Roboters.

[18] Die Prüfung der Wiederholgenauigkeit und der Bahnwiederholgenauigkeit spielt in der Industrie eine große Rolle. Das Wiederanfahren von durch teach-in definierte Raumpunkte mit einer Genauigkeit von 0.1 mm stellt für moderne Roboter kein Problem mehr dar, jedoch ist die Hauptaufgabe eines OP-Roboters das präzise *einmalige* Anfahren eines in der Simulation programmierten Punktes.

mittlere Umkehrspanne U_s. Sie sind unabhängig von der Konfiguration der Achsen des Roboters anzugeben. Deshalb werden für ihre Ermittlung die Sollpositionen in negativer und positiver Richtung angefahren (s. Bild 8-19). Die Definition der Programmiergenauigkeit ist in Bild 8-20 ersichtlich.

$$\text{Streubreite} = 3s_j\!\downarrow + 3s_j\!\uparrow$$

$$\text{mit Standardabweichung } s_j$$

$$U_j \text{ Umkehrspanne}$$

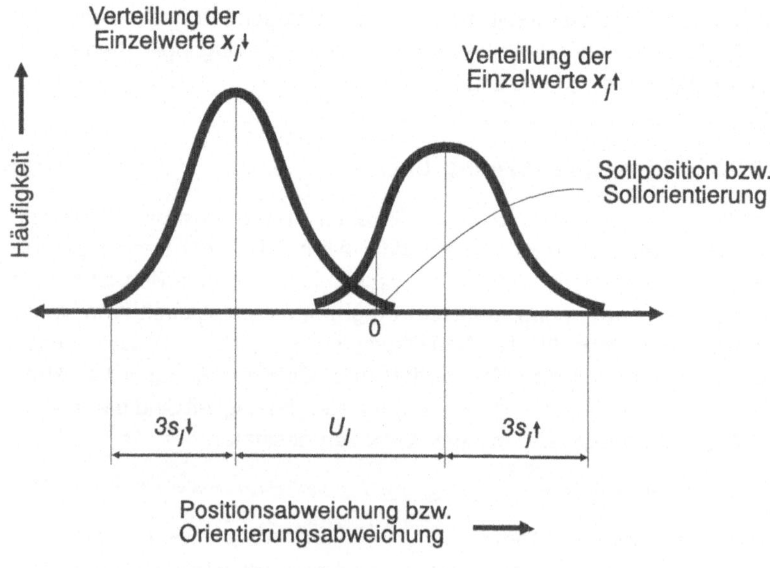

Bild 8-19: Genauigkeitskenngrößen nach [VDI2861].

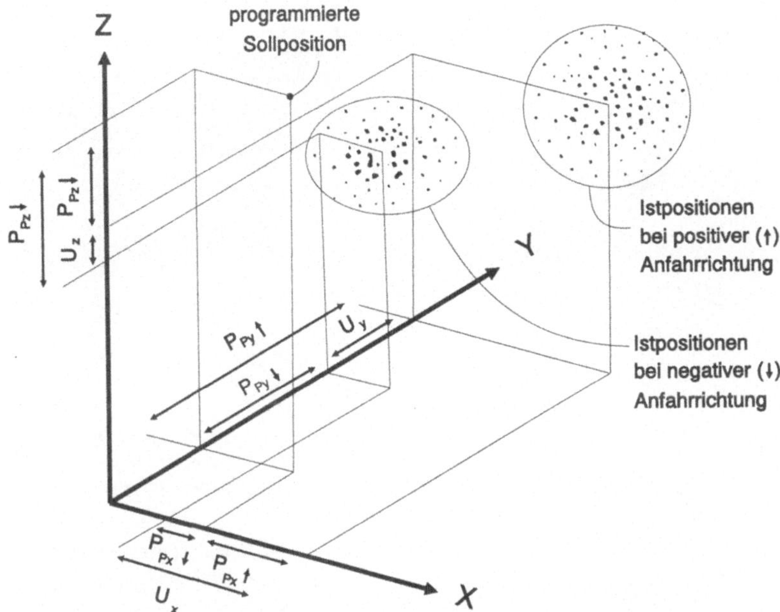

Bild 8-20: Definition der Programmiergenauigkeit nach [VDI2861].

Umfassende Genauigkeitsuntersuchungen (nach [VDI2861]) des Roboters im vorliegenden Fall ergaben, daß die mittlere Programmiergenauigkeit von der Lage des Referenzbezugssystems im Roboterar-
beitsraum (η-Achse im Bild 8-21) und von der Lage der anzufahrenden
Position relativ zum Referenzsystem (ξ-Achse im Bild 8-21) abhängt. Im
Bild 8-21 sind die mittleren Abweichungen in den drei Raumrichtungen
dargestellt. Bei den Abweichungen in X- und Y-Richtung läßt sich die
Tendenz feststellen, daß der Fehler am kleinsten ist, wenn sich das
Referenzsystem im mittleren Bereich des Arbeitraumes befindet und je
näher die anzufahrende Position zum Referenzsystem liegt. In Z-
Richtung ist im mittleren Bereich des Arbeitsraumes eine etwa konstant
bleibende Abweichung unabhängig von der Entfernung der anzufahrenden Position zum Referenzsystem feststellbar. Ansonsten ist die
Höhenabweichung von einem steilen Verlauf gekennzeichnet. Hier liegt
die Vermutung nahe, daß die Elastizität des Roboterarmes in Zusam-
monhang mit dessen Ausstreckung eine wichtige Rolle spielt.

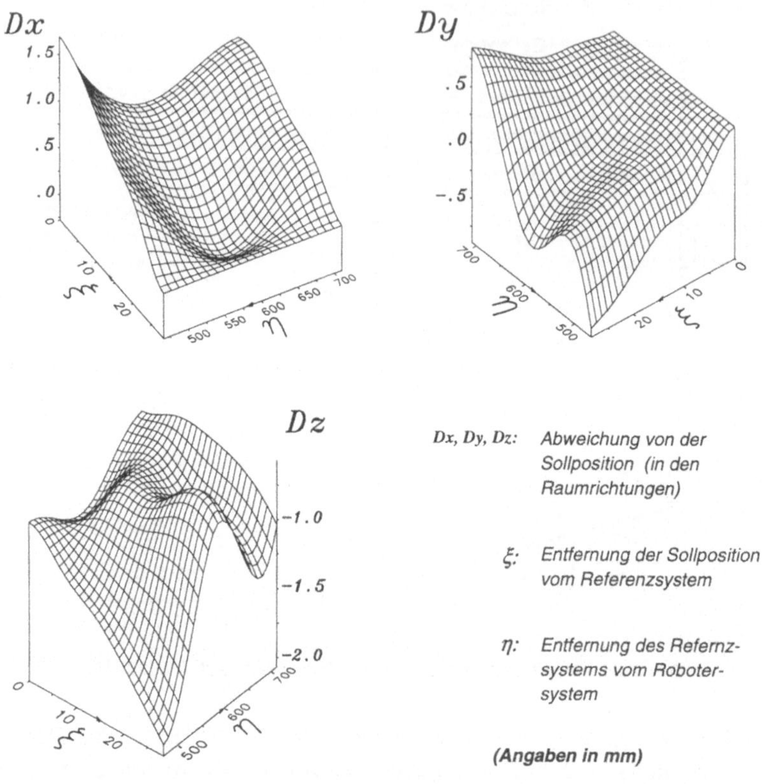

Bild 8-21: Mittlere Programmiergenauigkeit eines Knickarmroboters (Typ PUMA560)
in Abhängigkeit von der Lage des Referenzsystems im Arbeitsraum und der
Lage der anzufahrenden Position relativ zum Referenzsystem (beispielhaft
X- Y- und Z-Richtung).

8.3.3.3   Fehlerkorrektur

Für die vorliegende Anwendung wird für die Fehlerkorrektur (ähnlich wie
für die Layoutoptimierung) entsprechend Bild 8-21 ein Arbeitsbereich definiert, der bezüglich der mittleren Programmiergenauigkeit mit Hilfe einer
3D-Koordinatenmeßmaschine diskret vermessen wird (s. Bild 8-22).

Die gewonnenen Informationen über den Positionierfehler an den Meß-
punkten wird dann zur Fehlerkorrektur herangezogen. Dazu liefert ein
Algorithmus, der als Eingangsparameter die anzufahrende Position im
Arbeitsraum verwendet, den aus den am nächsten gelegenen
Meßpunkten linear interpolierten Fehler[19]. Die anzufahrende Position
wird dann mit diesem Korrekturwert beaufschlagt. Eingehende
experimentelle Untersuchungen haben die Wirksamkeit dieses
Verfahrens in der Praxis bestätigt. Damit läßt sich die mittlere
Programmiergenauigkeit des Roboters in der Größenordnung der
Wiederholgenauigkeit verbessern.

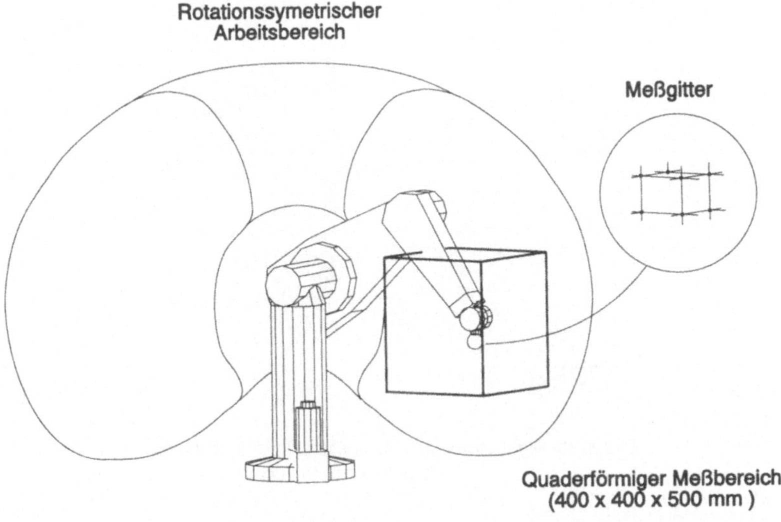

Bild 8-22: Arbeitsraum des operationunterstützenden Roboters.

Die mögliche Anbindung in das Gesamtkonzept und Ablauf eines solchen Verfahrens ist im Bild 8-23 dargestellt.

---

[19] In [Foul84] wird auf die Gültigkeit der Annahme hingewiesen, daß eine lineare Interpolation
des zu erwartenden Fehlers aus nah gelegenen Stützstellen zulässig ist.

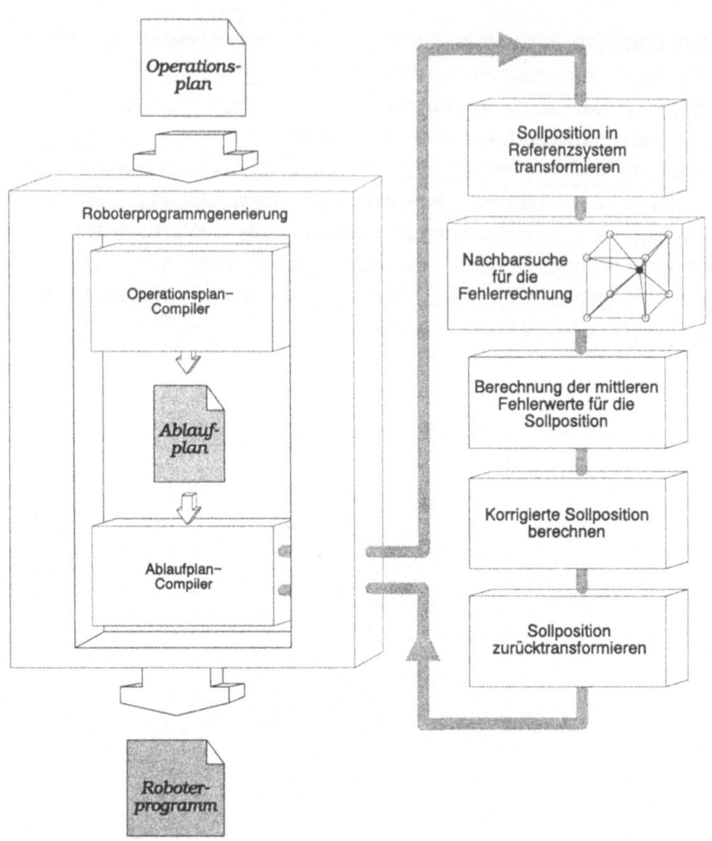

Bild 8-23: Algorithmus zur Verbesserung der Off-Line-
Programmiergenauigkeit.

8.3.4 Prozeßdurchführung

Letzter Schritt bei einem roboterunterstützten Eingriff ist die eigentliche Durchführung der Operation. Ziel ist es, das generierte Roboterprogramm unter Aufsicht des Operateurs durchzuführen. Dies kann durch die Verwendung einer Software zur Dialog- und Prozeßsteuerung optimal erreicht werden.

Bei den in der Literatur bekannten Lösungen [Kien93, Kwoh87, Lava92, Paul92, Wang94] werden die Roboterdaten über physikalische Datenträ-

124

ger oder über DNC-Betrieb[20] in einen für die Robotersteuerung vorgesehenen Rechner eingespielt. Dieser ist hard- und softwaretechnisch von dem Simulationsrechner getrennt (bis auf die Kommunikationsmöglichkeiten zur Datenübertragung) und verfügt über Schnittstellen für Sensorik zur Prozeßüberwachung (i. allg. Kraft-Momenten-Sensor).

Im Gegensatz dazu wird hier eine enge Kopplung der Simulation, des Dialoges und des Prozesses angestrebt:

+ Der Dialog über eine graphische Benutzerschnittstelle soll die Steuerung des Prozesses zulassen. Der Ablauf ist gemäß dem Operationsplan in logisch zusammenhängende Teilaufgaben gegliedert, die nach Zustimmung des Operateurs vom Roboter durchgeführt werden sollen. Eine Kopplung des Simulationssystems mit der Dialogsteuerung soll die Möglichkeit geben, die als nächste auszuführende oder eine beliebige Teilaufgabe in der Simulation visuell zu überprüfen.

+ Die unmittelbare Kopplung des Simulationssystems mit der Ansteuerung des Roboters erlaubt eine weitere Möglichkeit der Überwachung. So können beispielsweise, durch Übertragung der Achswerte von der Robotersteuerung in das Simulationssystem, die Bewegungen des realen Roboters in Echzeit simuliert werden. Dadurch sind Kollisionsüberprüfungen sowie eine Feststellung von Abweichungen des Bewegungsumfangs vom Roboter möglich.

+ Eine Kopplung der Sensorik mit der Simulation ermöglicht eine weitere Art der redundanten Überwachung. Hier kann die Information von Sensoren verwendet, die eine rechenintensive Auswertung benötigen oder von der Robotersteuerung gar nicht bearbeitet werden könnten (z.B. Videokamera).

---

[20] **Distributed Numerical Control**

9 Realisierung und Erprobung

Für die grobe Auslegung der Systemarchitektur stand der Wunsch nach Modularität im Vordergrund, um so ein möglichst offenes System zu realisieren. So können Teilmodule des Systems für ähnliche Applikationen oder für unterschiedliche Hardwarekonfigurationen unter minimalem Aufwand wiederverwendet werden. Bild 9-1 bietet einen Überblick über die realisierte Systemarchitektur. Den Systemkern bildet eine moderne, hochauflösende Graphik-Rechenanlage. Diese besitzt als interaktive Eingabemöglichkeiten außer Tastatur und Maus eine so genannte "Spacemouse", die sich für die Eingabe von 3-D Informationen für die Beschreibung von Bewegungen im Raum unter den Chirurgen als besonders geeignet erwiesen hat. Darüberhinaus besitzt die Rechenanlage Schnittstellen für Video, serielle und parallele Kommunikation, über welche die gesamte Peripherie angesteuert wird. Durch die Verwendung einer UNIX-Workstation als Rechenanlage und der X- bzw. OSF/Motif-

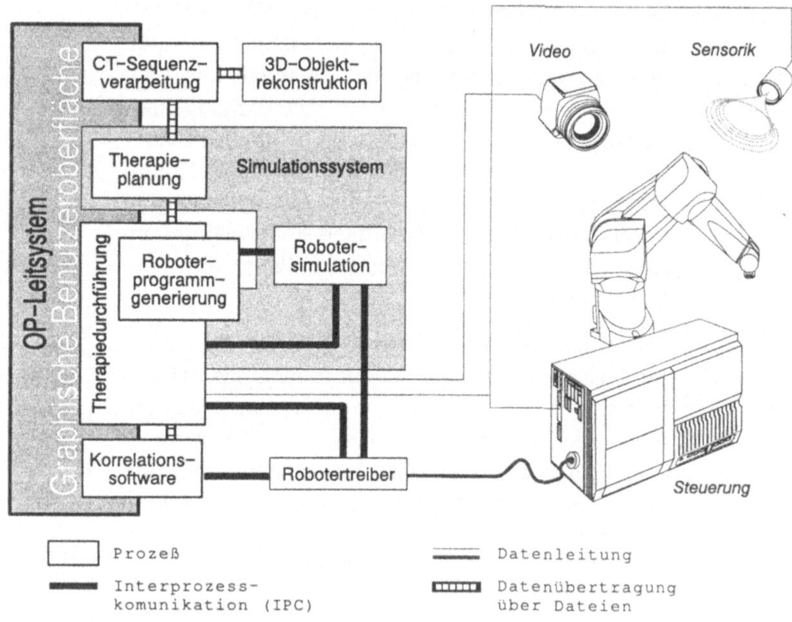

Bild 9-1: Architektur des entwickelten Systems.

Softwarepakete ist die unter Kapitel 4 gefordete Standardisierung und Portabilität gewährleistet.

9.1 Systemintegration

Das vorgestellte System besteht im groben aus den folgenden Programmpaketen (s. Bild 9-1):

1. Visualisierungs- und Verarbeitungssystem von CT-Sequenzen.

2. Rekonstruktionssystem.

3. Simulationssystem.

4. System zur Therapiedurchführung.

Sie sind alle unter einer einheitlichen Benutzeroberfläche eingebettet, die das OP-Leitsystem verkörpert. Die Kommunikation zwischen den ersten drei Teilsystemen erfolgt über Dateien und ist unidirektional von oben nach unten gerichtet. Die Kommunikation zwischen dem Simulationssystem und dem System zur Therapiedurchführung erfolgt während des Ablaufs der einzelnen Prozesse (beide Systeme sind unabhängige Prozesse) und ist weitaus komplizierter. Der Robotertreiber kommuniziert auf ähnliche Art mit den Systemprozessen, jedoch ist die Kommunikation mit der Robotersteuerung auf der Hardwareebene verankert. Ein Überblick über die realiserten Kommunikationsmöglichkeiten bietet das folgende Kapitel.

9.1.1 Systemkommunikation zwischen den einzelnen Prozessen

Das Kommunikationsprinzip baut auf dem Client/Server-Prinzip auf, d.h. ein Prozeß (der Client) schickt eine Anfrage (Request) an einen anderen Prozeß (den Server). Der Server bearbeitet diese Anfrage und schickt dann eine Antwort (Reply) zurück an den Client (s. Bild 9-2). Sind die Anfragen komplexer Art, so kann es sein, daß ein Server Daten von anderen Servern benötigt. Ein Server kann also auch Client sein und umgekehrt.

Für die Kommunikation werden zwei der vielen Möglichkeiten der Interprozesskommunikation unter UNIX verwendet:

- Signale und

- Sockets.

Ein Signal informiert einen Prozeß über ein aufgetretenes Ereignis. Diese Ereignisse können im System aufgetreten oder von einem anderen Prozeß ausgelöst worden sein. Signale, die sich Prozesse untereinander senden, werden als Unterbrechungen verwendet, um unter anderem die Prozesse auf einfache Weise zu synchronisieren.

Sockets sind spezielle Dateien zur netzwerkfähigen Interprozeßkommunikation in UNIX 4.3 BSD (Berkeley Software Distribution). Damit können Prozesse, die nicht unbedingt auf derselben Maschine laufen müssen, nach dem obigen Client-Server Prinzip Daten austauschen.

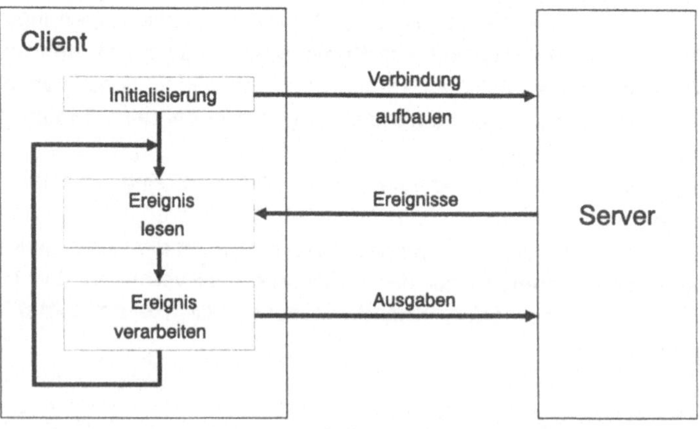

Bild 9-2: Struktur und Ablauf von ereignisorientierten Programmen.

9.1.2 DNC-Kommunikation

Das OP-Leitsystem ist auch für die Roboteransteuerung verantwortlich. Dieser Vorgang basiert auf dem Prinzip der DNC-Kommunikation. Dabei ist das OP-Leitsystem der übergeordnete Rechner und die Robotersteuerung der Befehlsempfänger. Das OP-Leitsystem kommuniziert über

Sockets mit dem Robotertreiber. Bei der Kommunikation muß das Übertragungsprotokoll der Robotersteuerung berücksichtigt werden. Bei dem vorhandenen Roboter handelt es sich um das von Digital Equipment Corporation (DEC) definierte DDCMP-Protokoll (Digital Data Communications Message Protocol).

Über diese Kommunikationsmöglichkeit können Roboterbefehle beliebiger Art zeilenweise zur Robotersteuerung geschickt werden. Falls es sich um einen gültigen Befehl handelt, wird dieser von der Steuerung verzögerungsfrei ausgeführt. Eine Rückmeldung über den Erfolg oder ein Mißlingen eines Befehls wird nach der Abarbeitung desselben an den übergeordneten Rechner geschickt. Hierdurch hat das OP-Leitsystem die Kontrollmöglichkeit über die vom Roboter erfolgreich ausgeführten Aktionen.

Zur Implementierung sei hier nur darauf hingewiesen, daß die DDCMP Echtzeitanforderungen die Spaltung des Robotertreibers in einen Prozeß zur Meldungsbehandlung und einen zweiten zur Einhaltung des Kommunikationsprotokolls erfordern. Beide sind eigenständige Prozesse, die wie oben erklärt über Sockets kommunizieren. Eine Übersicht über alle für die Durchführung der Therapie und vom OP-Leitsystem kontrollierten Prozesse und deren zeitliche Reihenfolge bietet Bild 9-3.

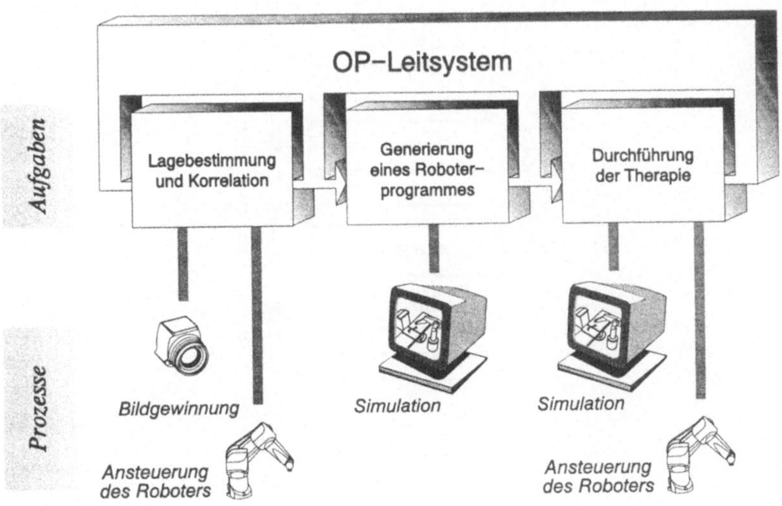

Bild 9-3: Übersicht der für die Durchführung der Therapie notwendigen Prozesse.

9.2   Systembeschreibung

Die für die menschliche Interaktion vorzusehenden Schnittstellen sowie die damit verbundenen Aktionen sollen die Arbeit des Operateurs in klarer und zielorientierter Weise unterstützen. Deshalb wurden in Zusammenarbeit mit den beratenden Orthopäden:

- der Funktionsinhalt sowie Funktionsumfang des Systems zur computer- und roboterunterstützten Chirurgie für den routinemäßigen Einsatz festgelegt und

- die Ein- und Ausgabemöglichkeiten für den routinemäßigen Ablauf innerhalb einer anwendungsorientierten Benutzeroberfläche konzipiert.

Dabei wurden in einem mehrmaligen Iterationsprozeß (s. Bild 9-4) die im folgenden erläuterten Ergebnissen erzielt.

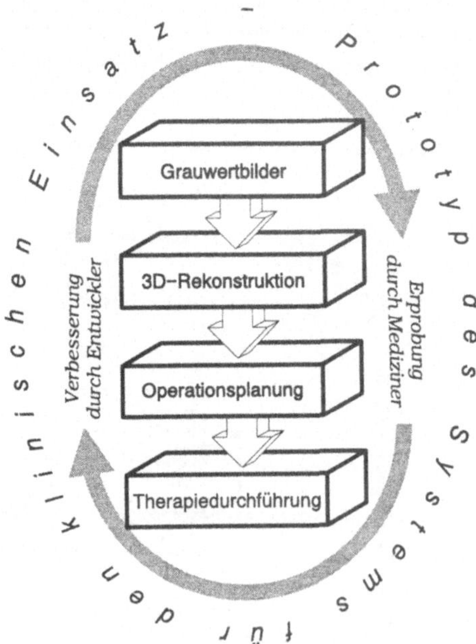

Bild 9-4: Iterationsprozeß bei der Konzeption der Benutzeroberfläche.

9.2.1   Konzept der Benutzeroberfläche

Die Gestaltung der Benutzeroberfläche hat einen entscheidenen Einfluß auf die Akzeptanz durch den Anwender. Sie soll das Erlernen der Menüführung erleichtern und ein effizientes Arbeiten ermöglichen. Wichtig ist, daß der "Funktionspfad" mit den als nächstes durchzuführenden Arbeitsschritten deutlich erkennbar ist. Gerade der nicht EDV-versierte Anwender will sich innerhalb kürzester Zeit der eigentlichen Aufgabe, hier der Operationsplanung, widmen. Auf eine einfache Bedienung mit Tastatur und Maus ist zu achten, da ein ständiges Wandern der Aufmerksamkeit zwischen Tastatur, Maus und Bildschirm die interaktive Anwendungszeit unnötig verlängert. Daher wurde für ein flüssiges Arbeiten auch auf die jeweiligen Antwortzeiten geachtet.

Das Grundkonzept der Benutzeroberfläche stellt sich folgendermaßen dar:

Das Eingangsmenü wie auch alle weiteren Menüs haben den gleichen Aufbau: ein Arbeits-, bzw. Anzeigebereich und einen Funktionsbereich (s. Bild 9-5). Im Arbeitsbereich werden z.B. Sequenzen von CT-Bildern dargestellt, Patienteninformationen angezeigt und die jeweiligen Manipulationen und Veränderungen durchgeführt. Daneben erscheinen die "Funktionsbuttons", die den Funktionspfad vorgeben. Diese unterschei-

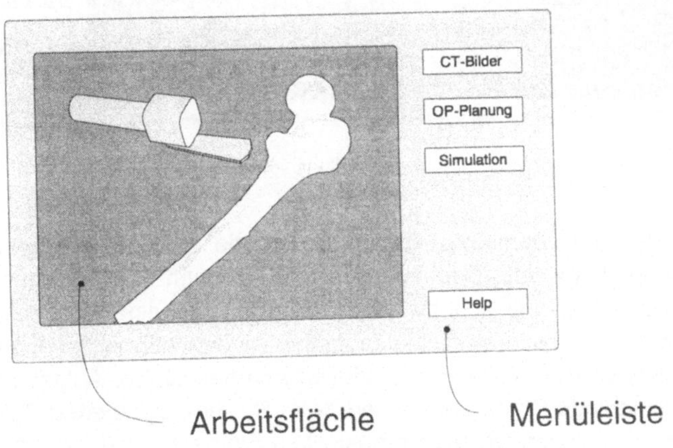

Bild 9-5: Grundelemente und Funktionsbereiche der Benutzeroberfläche.

den sich nicht nur farblich, sondern auch in ihrer Aktivität voneinander. So ist gewährleistet, daß alle wichtigen Informationen, die für die weitere Durchführung der Operationsplanung notwendig sind, angefordert werden. Die Schriftgröße ist so gewählt worden, daß der Chirurg die einzelnen OP-Schritte auch während einer Operation am Bildschirm verfolgen kann.

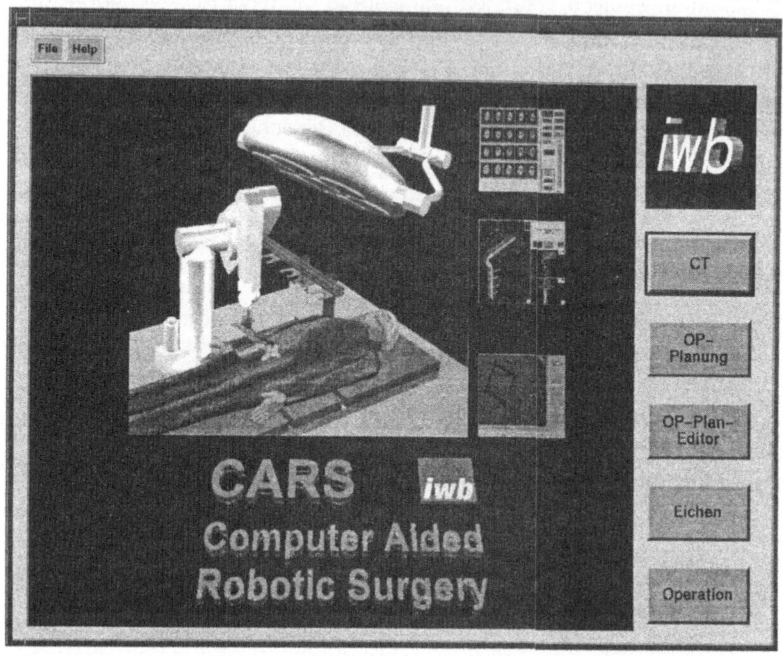

Bild 9-6: Hauptebene der Benutzeroberfläche.

Im Bild 9-6 ist die dem OP-Leitsystem zugrunde liegende Hauptbenutzer-oberfläche dargestellt. Darin werden die einzelnen Arbeitsvorgänge so koordiniert, daß eine schrittweise Abwicklung der einzelnen Aufgaben möglich ist. Die einzelnen Hauptaufgaben finden sich in der Eingangs-menüleiste wieder. Vor einer "top-down" Abarbeitung der Aufgaben kann der behandelnde Chirurg einen bereits im System registrierten Patienten auswählen oder ein weiteres graphisches Element betätigen, um einen neuen Patienten aufzunehmen. Hinter den im einzelnen durchzufüh-renden Behandlungsschritten verbergen sich die im Kapitel 6, 7 und 8 vorgestellten Algorithmen und Lösungsstrategien (s. Bild 9-6):

CT: dient der 3D-Rekonstruktion des zu behandelnden Objektes.

OP-Planung: dient der Planung einer Operation und der Planung der roboterunterstützten Therapiedurchführung.

OP-Plan-Editor: dient der Modifikation von erstellten Operationsplänen.

Eichen: dient der Lageerkennung und Korrelation.

Operation: dient der Ausführung der roboterunterstützten Therapie.

9.2.2 Grauwertbildvisualisierung und 3D-Rekonstruktion

Von den verschiedenen Auswerteverfahren, die sich in letzter Zeit auf dem Markt durchgesetzt haben, wurden für die interaktive diagnostische Bildauswertung die gebräuchlichsten Funktionen implementiert:

- Bilddarstellung mit geeigneter Grauskala,

- Bilddarstellung mit mehreren Fenstern,

- Gesamtübersicht der CT-Aufnahmen,

- Abstandsmessungen zur Größenangabe von Befunden,

- Ausschnittsvergrößerung zur detaillierten Darstellung.

Nach der interaktiven Festlegung des Schwellwerts für die Segmentierung erfolgt die interaktiv zu startende Konturbestimmung der segmentierten Regionen. Die Oberfläche zur Visualisierung von CT-Sequenzen ist im Bild 9-7 zu erkennen.

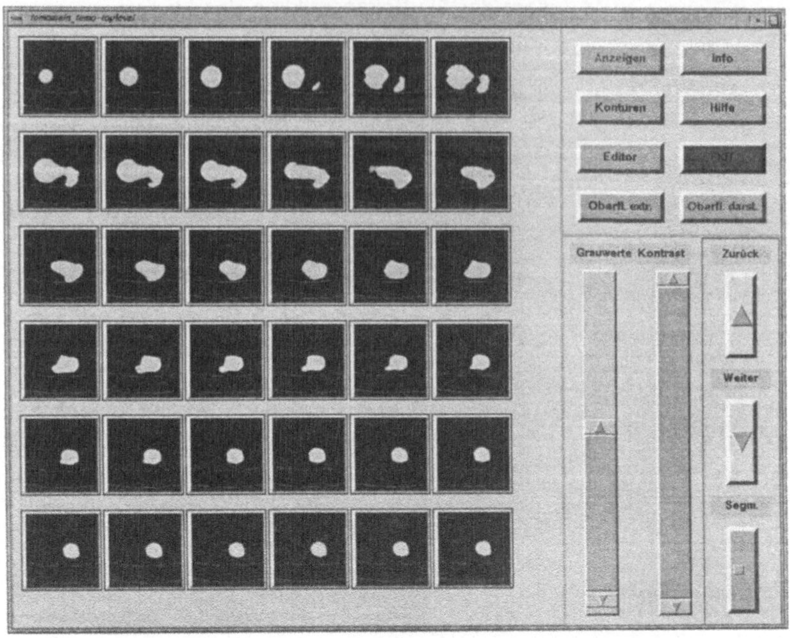

Bild 9-7: Oberfläche zur Visualisierung von CT-Sequenzen.

9.2.3   Modifizierung gefundener Konturen

Nicht immer erfüllen die aufgrund der Segmentierung, die eng mit dem eingestellten Schwellwert zusammenhängt, ermittelten Außenkonturen die Erwartungen der 3-D-Rekonstruktion. Sei es, weil vernachlässigbare Oberflächenelemente berücksichtigt oder wichtige Feinheiten übergangen wurden. Deshalb hat der Benutzer die Möglichkeit, fertig berechnete Konturen nach Belieben nachzubearbeiten. Dabei wurden folgende Funktionen implementiert:

- Hinterlegung der Kontur mit dem Tomographiebild,
  um mit den Originaldaten vergleichen zu können,

- Vergrößerung von Bildteilen zur besseren Betrachtung, so daß Pixel voneinander unterscheidbar werden,

- Beliebiges Verändern, Löschen und Neuerzeugen von Konturen.

Die Oberfläche zur Bearbeitung gefundener Konturen ist im Bild 9-8 zu sehen. Die Rekonstruktion des dreidimensionalen Objektes erfolgt automatisch und wird lediglich auf Wunsch des Benutzers gestartet.

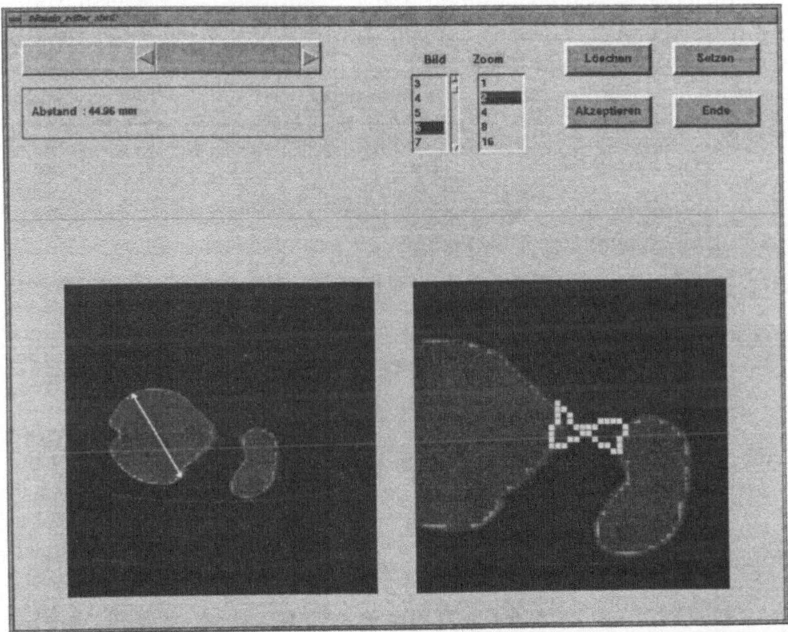

Bild 9-8: Oberfläche zur Bearbeitung von Konturen.

9.2.4 Planung der Therapie und deren Durchführung

Das im vorherigen Schritt rekonstruierte Objekt wird in diesem Arbeitsschritt innerhalb des Simulationssystems bearbeitet. Dazu wurden die Algorithmen zur Findung von anatomischen Merkmalen in der Abarbeitungsfolge so eingebunden, daß die Festlegung der gewünschten Veränderung mit den dazu nötigen Anhaltspunkten, wie z. B. das Ausmaß der Veränderung wichtiger physiologischer Größen gegenüber dem ursprünglichen Zustand, versehen wird. Die anschließende Implantatauswahl kann vollautomatisch geschehen oder vom Benutzer beeinflußt werden. Über graphische Elemente ist der Chirurg in der Lage, Wünsche bezüglich des auszuwählenden Implantats einzugeben. Diese führen zu einer gemäß den eingegebenen Kriterien eingeschränkten Suche nach dem bestpassenden Implantat im vorhandenen Katalog.

Der Ablauf der einzelnen Aktionen ist so gestaltet, daß Teilaufgaben nach Belieben wiederholt werden können, um das Durchspielen von mehreren Operationsstrategien zu ermöglichen. Im Bild 9-9 ist eine Momentaufnahme bei der Veränderung der Femurgeometrie zu sehen. Im Bild 9-10 ist das Ergebnis der Implantatauswahl und -positionierung dargestellt.

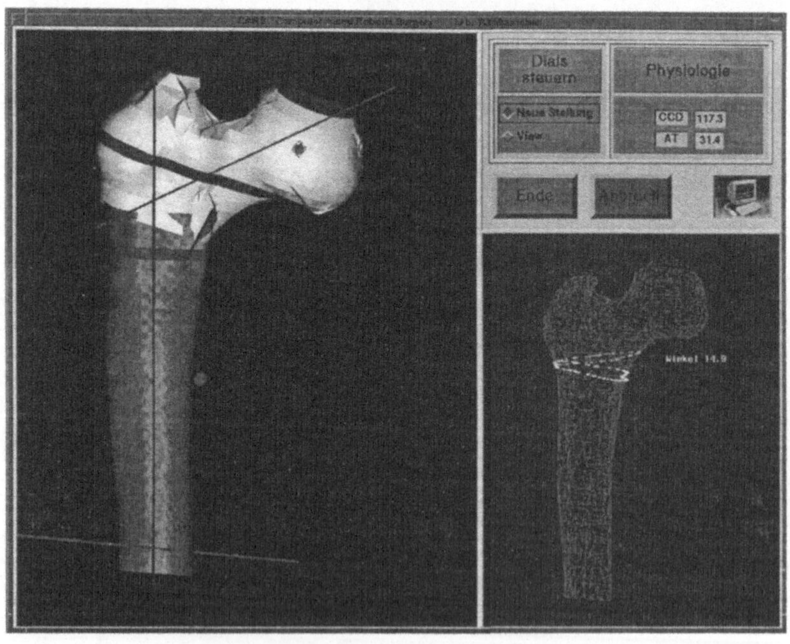

Bild 9-9: Planung einer Umstellungsosteotomie.

Das Vorgehen einer roboteruntersützten Therapie zu planen und festzu-
legen ist Inhalt des zuletzt innerhalb dieser Oberfläche auszuführenden
Schrittes. Zu diesem Zeitpunkt sind die Lage der Resektionsebenen, die
die durchzuführende Osteotomie festlegen, und das dazu passende Implantat bekannt. Bevor das gewünschte Instrument ausgewählt wird,
stellt das Programm, zusammen mit den Resektionsebenen, das Femur
in seiner ursprünglichen Form dar (s. Bild 9-11). Die Säge (bzw. das
LASER-Instrument) wird jeweils automatisch auf die Resektionsebenen
positioniert. Die endgültige Einstellung der Position und Ausrichtung
innerhalb der Resektionsebene geschieht interaktiv. Dabei wird die
Funktion des Instrumentes berücksichtigt und der Benutzer aufgefordert,
die entsprechende Anzahl von benötigten Positionen (z.B. Anfangs- und
Endposition bei einem Sägevorgang) einzustellen und zu bestätigen. Die
Handhabung des Bohrinstrumentes erfolgt analog.

Die während dieser Phase eingegebenen Informationen bilden die
Grundlage des Operationsplans. Dieser legt implizit den Ablauf der roboterunterstützten Therapiedurchführung fest (vgl. Kapitel 7.6).

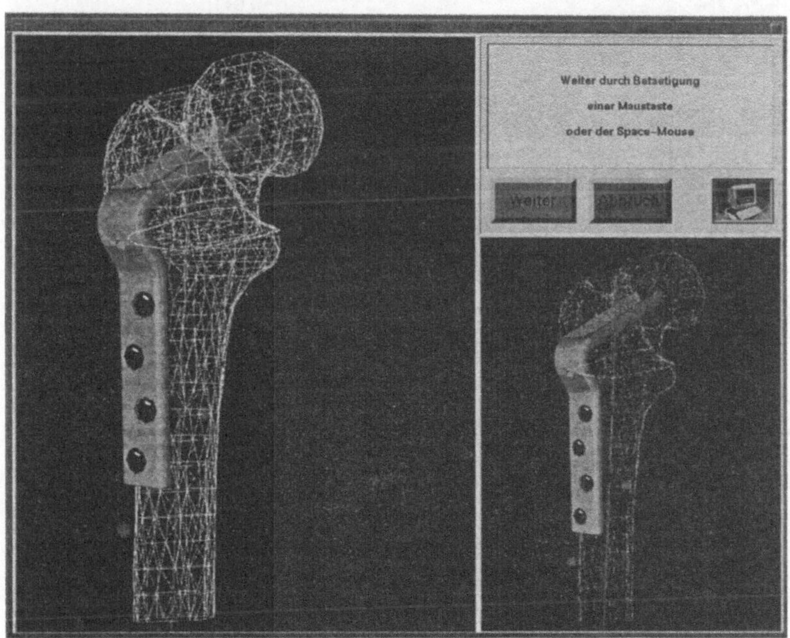

Bild 9-10: Auswahl eines geeigneten Implantates.

137

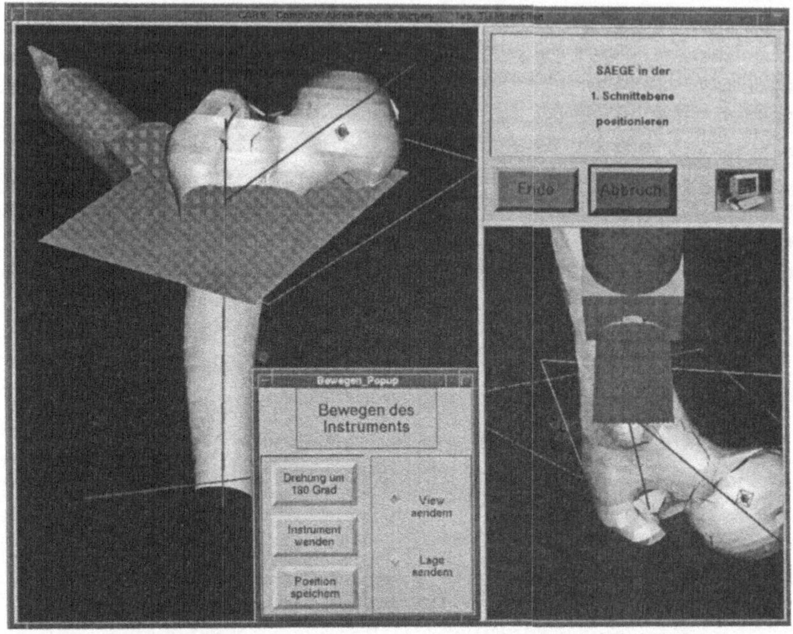

Bild 9-11: Planung der Durchführung einer roboterunterstützten
Umstellungsosteotomie.

9.2.5 Änderung eines Operationsplanes

In einzelnen Fällen wird es nicht unumgänglich sein, daß vom im
Operationsplan festgelegten Vorgehen abgewichen werden muß. Eine
Wiederholung der bis dahin abgearbeiteten Behandlungsschritte ist nicht
vertretbar. Deshalb wurde das Modul "OP-Plan-Editor" konzipiert. Dieses
präsentiert dem Benutzer den Operationsplan in graphischer Form. Die
einzelnen Ikonen stellen die verschiedenen Therapieschritte dar. Sie sind
durch Linien verbunden, die Auskunft über ihren logischen und zeitlichen
Zusammenhang geben sollen (s. Bild 9-12).

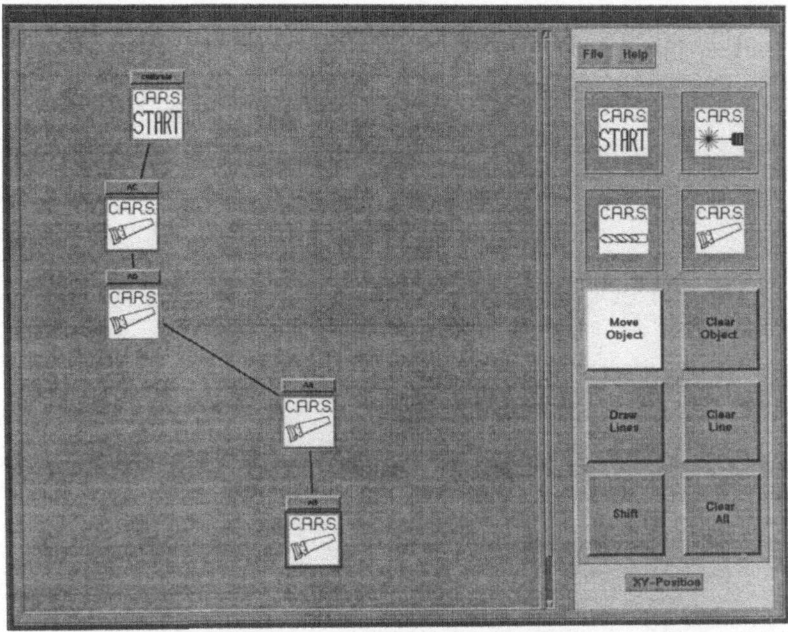

Bild 9-12: Benutzer Oberfläche für die Änderung eines Operationsplans.

Durch Betätigung der verschiedenen graphischen Elemente können einerseits die Positionen der medizinischen Instrumente innerhalb des Simulationssystems, ähnlich wie bei der Planung der Therapiedurchführung, modifiziert werden. Andererseits können die logische Reihenfolge der Bearbeitungsschritte geändert, bestimmte Bearbeitungsschritte weggelassen, oder neue Bearbeitungsschritte hinzugefügt werden.

9.2.6 Lageerkennung und Korrelation

Die Generierung eines Roboterprogrammes, das die aktuellen Verhältnisse im OP berücksichtigt, ist nur nach der Korrelation der Lage zwischen Patienten und Robter möglich. In diesem Modul wird mit Hilfe einer online-kalibrierten CCD-Kamera (vgl. Kapitel 8.2) die 3D-Lage des Patienten auf dem OP-Tisch bezüglich der operationsunterstützenden Maschine bestimmt. Hierfür werden in zwei Aufnahmen mit Methoden der Mustererkennung in der Bildverarbeitung die Bildkoordinaten des Patienten ermittelt. Diese Koordinaten werden durch Triangulation zur

3D-Lage des Patientenkoordinatensystems kombiniert, das bezüglich des Roboters dargestellt wird. Die gewonnenen Informationen werden in einer Systemdatei für den weiteren Ablauf abgelegt. Im Bild 9-13 sind ein 2D-Kalibrierkörper an der Roboterhand sowie die mittels Mustererkennung gefundenen Referenzmarken, die das Patientenkoordinatensystem definieren, dargestellt.

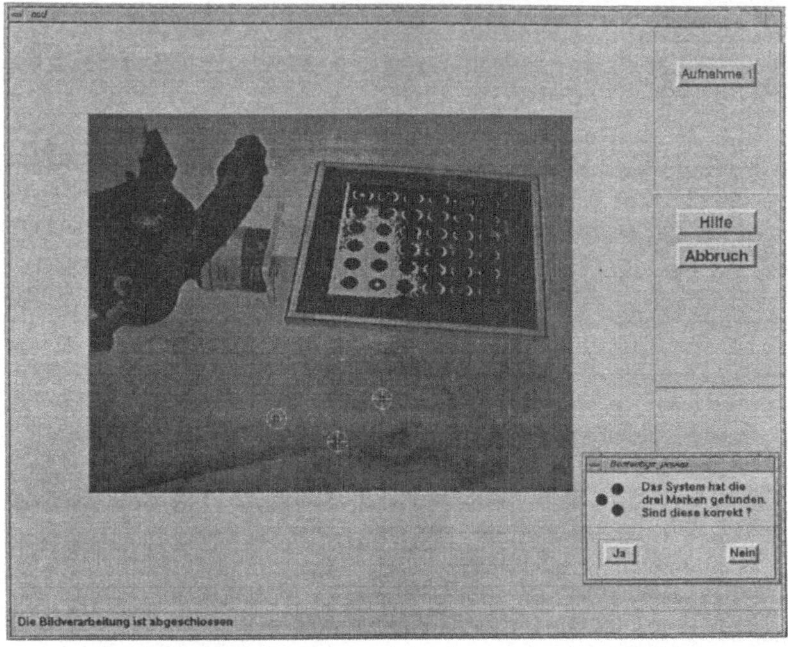

Bild 9-13: Oberfläche des Moduls zur Lageerkennung und Korrelation.

9.2.7   Roboterunterstützte Therapiedurchführung

Diesem Teilsystem obliegt die Ausführung der Therapie. Mit dem bisher festgelegten Operationsplan und der Lage des Patienten erzeugt dieses Teilsystem ein Roboterprogramm, das schrittweise ausgeführt wird. Dafür werden die unter Kapitel 8.3 dargestellten Softwarewerkzeuge eingesetzt.

Für die eigentliche Durchführung des Roboterprogrammes wurde eine Kopplung mit dem Simulationssystem vorgesehen, welche die visuelle Überprüfung des generierten Programmes durch das ärztliche Personal erlaubt. So können jederzeit Bewegungen und Aktionen des Roboters vom Operateur qualitativ abgeschätzt werden. Im unteren Bereich der Benutzeroberfläche (s. Bild 9-14) wird eine Übersicht des Roboterprogrammes geboten. Diese ist ähnlich wie im OP-Plan-Editor aus Ikonen aufgebaut, welche logisch zusammenhängende Roboteraktionen darstellen. Hier wird außerdem der aktuelle Schritt besonders gekennzeichnet. Weitere Informationen in schriftlicher Art über den als nächsten auszuführenden Schritt sind durch Betätigung eines graphischen Elements zu erhalten.

Die implementierte Ablaufsteuerung übernimmt die Kontrolle über die Ausführung der jeweiligen Roboteraktionen. Sie werden über einen Robotertreiber an die Robotersteuerung übergeben (s. Kapitel 9.1.2). Eine effiziente Überwachung der beteiligten Komponenten durch Soft-

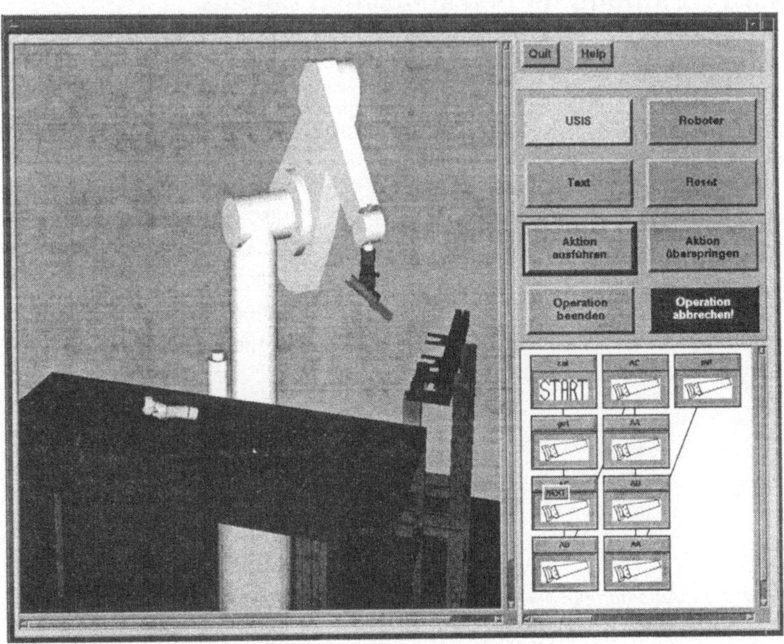

Bild 9-14: Oberfläche zur Durchführung der roboterunterstützten Therapie.

ware sowie die interaktive Möglichkeit, in die Ausführung der Roboteraktionen einzugreifen, leisten einen Beitrag zu den hohen Sicherheitsanforderungen.

9.3   Erprobung

Für die Erprobung des Systems wurden präparierte menschliche Femora
verwendet, an denen Umstellungen des proximalen Endes durchgeführt
wurden. Dabei wurde das System hinsichtlich der folgenden Kriterien untersucht:

- Eignung für den klinischen Einsatz
- Genauigkeit der Ausführung

9.3.1   Eignung für den klinischen Einsatz

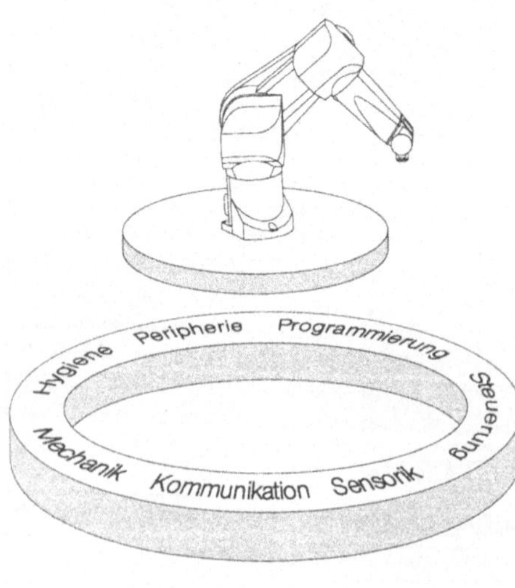

Bild 9-15: Anforderungen an ein Robotersystem
zur Unterstützung chirurgischer
Eingriffen.

Durch das Einbeziehen der
Chirurgen in den frühen
Phasen der Entwicklung (s.
Bild 9-5) wurde die Akzeptanz und Eignung für den
klinischen Einsatz automatisch erreicht. Eine Testins-
tallation wurde in der Medizinischen Hochschule Hanno-
ver für den klinischen Einsatz bereitgestellt. Diese
beschränkt sich jedoch auf
die Komponenten zur Grau-
wertbildvisualisierung,   3D-
Rekonstruktion, Planung der
Therapie und deren Durch-
führung. Die roboterunterstützte   Therapiedurchführung wurde aufgrund der
hohen   Sicherheitsanforde-

rungen (s. Bild 9-15), welche die Verwendung eines speziell für diesen Zweck konzipierten Robotersystems erzwingen, nur unter Laborbedingungen getestet.

9.3.2   Genauigkeit der Ausführung

Für eine Genauigkeitsbetrachtung der gesamten Prozeßkette ist die Betrachtung der einzelnen Fehlerquellen nötig:

- Genauigkeit des rekonstruierten biologischen Objektes
- Genauigkeit der Simulation
- Genauigkeit der Patientenlagebestimmung
- Genauigkeit des Roboters

Die Computertomographie verursacht Abbildungs- und Diskretisierungsfehler, die zusammen mit dem Maß der Approximation während der 3D-Rekonstruktion eine ungenaue Modellierung des betrachteten biologischen Objektes als Folge haben. Die ersten zwei Arten von Fehlern hängen direkt von der Auflösung des CT-Gerätes und von der gewählten Schichtdicke und Schrittweite bei der Aufnahme ab [Kres80]. Es läßt sich auf theoretischem (z.B. [Kres80]) und experimentellem Wege (z.B. [Buch93, Ekst93]) zeigen, daß je größer die Auflösung[21] und je kleiner die Schichtdicke[22] und Schrittweite[23] ist, desto größer ist die Genauigkeit der Abbildung.

---

[21] Die Auflösung abbildender Systeme wird mit der Ortsauflösung genauer beschrieben. Sie ist der geringste Abstand zwischen zwei Objektdetails, die im Bild als getrennt wahrgenommen werden. Andere Einflüsse sind u. a. der Kontrast, die Bildschärfe und -rauschen [Kres80].

[22] Eine endlich kleine Schichtdicke verursacht einen "mittelnden Effekt" im Bild. Die Ausdehnung von Objekten im Bild entspricht dann einer Mittelung des Konturverlaufes innerhalb der Schichtdicke.

[23] Die Schrittweite sollte auf die Schichtdicke abgestimmt sein, so daß einerseits keine Lücken zwischen den einzelnen Schichten entstehen, aber umgekehrt auch nicht zu viele redundante Informationen bei großer Schichtdicke und kleiner Schrittweite entsteht.

Moderne CT-Anlagen liefern Aufnahmen mit 512^2 Bildpunkten und sind in der Lage, Bildsequenzen mit einer Schichtdicke von 1,5 mm und einer Schrittweite von 0,5 mm zu liefern, so daß die dadurch entstehenden Ungenauigkeiten vernachlässigbar sind. Außerdem steht es bei der orthopädischen Chirurgie nicht im Vordergrund, lokale Bereiche biologischer Strukturen zu betrachten, sondern globale makroskopische Gestaltentscheidungen zu treffen, bei denen die hier angesprochenen Fehlerquellen überhaupt keine Rolle spielen.

Anders verhält es sich aber bei der Bestimmung des Patientenreferenzbezugssystems. Hier ist aufgrund der oben genannten Einflüsse die Lagebestimmung der Referenzmarken mit einer Genauigkeit von 0,25 mm möglich.

Bei der Simulation spielt eine ungenaue Abbildung der chirurgischen Instrumente keine Rolle, da für ihre Funktionsbeschreibung das jeweilige Wirkkoordinatensystem verwendet wird (vgl. Kapitel 7.6). Vor der Ausführung muß lediglich eine genaue Vermessung der Instrumente erfolgen.

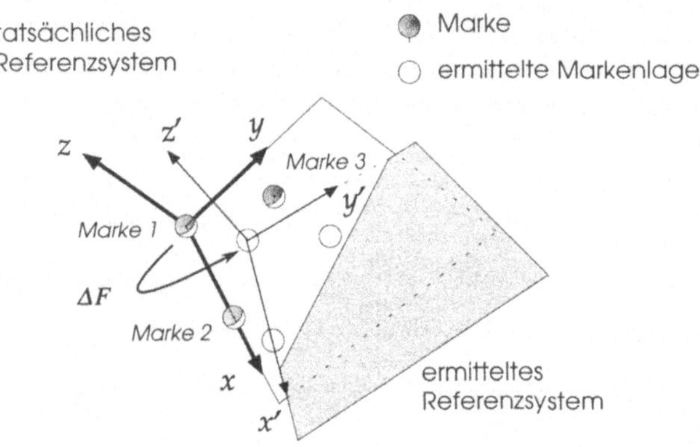

Bild 9-16: Abschätzung des Fehlers bei der Bestimmung des Patientenreferenzsystems.

Für die Abschätzung des Fehlers bei der Bestimmung des Referenzsystems wird ein Rechtssystem verwendet, in dem die Lage der Referenzmarken angegeben ist und dem tatsächlichen Referenzsystem entsprechen soll. Nach einer festgelegten Konvention beschreibt das Zentrum der Marke "1" den Ursprung des Referenzsystems. Der Mittelpunkt der Marke "2" ist ein Punkt auf der positiven X-Achse. Der Mittelpunkt der letzten Marke gibt die positive Richtung der Y-Achse und die Lage der XY-Ebene an (s. Bild 9-16). Damit ist die Lagebeschreibung des Referenzsystems gleich der Abweichung vom tatsächlichen Referenzsystem. Diese läßt sich wie folgt ausdrücken:

$$\Delta F = T_{m1} \cdot R_\gamma \cdot R_\beta \cdot R_\alpha$$

Dabei ist T_{m1} die Translation vom Ursprung zur ersten Marke. R_α ist die erforderliche Rotation um die Z-Achse, die die zweite Marke in die XZ-Ebene dreht. R_β bringt anschließend die zweite Marke auf die X-Achse durch Drehung um die Y-Achse. Die letzte Marke kommt nach Drehung um die X-Achse mit R_γ auf der XY-Ebene zu liegen. Der jeweilige Drehwinkel ergibt sich aus der Projektion des Strahls, der den Ursprung mit der jeweiligen Marke verbindet, auf die Ebene, die von den bei der Drehung unbeteiligten Raumachsen gebildet wird.

Wie im Kapitel 8.2 bereits erwähnt, kann die Lagebestimmung des Patienten mit einer translatorischen Genauigkeit von 0,5 mm ermittelt werden. Die Orientierungsgenauigkeit hängt vom Abstand der künstlichen Referenzmarken zueinander ab. Die Referenzmarken werden möglichst weit auseinander angebracht. Unter der Annahme, daß der kleinste Abstand zwischen ihnen 100 mm beträgt, ergibt sich eine Orientierungsgenauigkeit von 0,3 Grad. Dieser Mindestabstand ist ohne Einschränkung für die hier dargestellten Einsatzbereiche realisierbar. Wird außerdem der Fehler bei der Bestimmung des Referenzsystems anhand der CT-Aufnahmen berücksichtigt, so wächst diese Unsicherheit auf 0,75 mm bzw. 0,4 Grad.

Als letzte Fehlerquelle kommt die Absolutgenauigkeit des Roboters hinzu. Im Kapitel 8.3.3 wurde ein Verfahren vorgestellt, mit dem die Absolutgenauigkeit in den Bereich der Wiederholgenauigkeit der Maschine verbessert werden kann. Im ungünstigsten Fall wäre demnach mit einer translatorischen Abweichung von 1 mm und mit einer rotatorischen Abweichung von 0,3 Grad zu rechnen. Insgesamt ist also ein Fehler zu erwarten, dessen translatorischer Anteil nicht größer als 1,75 mm und dessen rotatorischer Anteil nicht größer als 0,7 Grad ist.

Die Verwendung eines Roboters der neuesten Generation zusammen mit einer hochauflösenden Kamera verspricht eine wesentliche Verbesserung der erreichbaren Genauigkeit. Obwohl keine systematischen Studien über die Genauigkeit manuell durchgeführter Eingriffe existieren, besteht die anerkannte Aussage, daß bereits die erreichte Genauigkeit deutlich unter der manuell erreichbaren Toleranz (je nach Eingriff beträgt sie 5 mm) liegt. Eine Analyse des Verlaufs von Umstellungsosteotomien bestätigt, daß die größte Schwierigkeit darin besteht, intraoperativ die geplante Orientierung der Resektionsebenen einzuhalten. Abgesehen von sonstigen medizinischen Vorbehalten wird oft deswegen nicht das ursprünglich vorgesehene Implantat verwendet. Dies liegt daran, daß eine ungenaue Einhaltung der Orientierung der Resektionsebenen starke Auswirkung auf die geplante Gestaltveränderung mit sich bringt und eine Neuwahl des passenden Implantats intraoperativ geschehen muß.

Eine Untersuchung des robotergeführten Sägeprozesses hinsichtlich der Formgenauigkeit ergab, daß die Abweichung der entstandenen Schnittflächen von der Sollfläche zu vernachlässigen ist. Dies steht im krassen Gegenteil zu manuell durchgeführten Osteotomien, bei denen oft das Sägeblatt die Sollebene schon nach geringer Eindringtiefe verläßt.

10   Zusammenfassung und Ausblick

Die vorliegende Arbeit liefert die Grundlagen für ein durchgängiges System zur computer- und roboterunterstützten Chirurgie. Das System soll für den Arzt eine Hilfestellung bei der Planung und Durchführung von Operationen sein, die ein hohes Maß an Präzision erfordern. Ziel dieses Systems ist, neben einer Aufbereitung der von der Diagnoseeinrichtung gelieferten Daten zu einem 3D-Modell für eine realitätsnahe Operationsplanung, das exakte Umsetzen dieser präoperativen Planung in die Therapie.

Für die Übernahme der von einem Computertomographen gelieferten Daten in eine Simulationsumgebung wurde ein Teilsystem konzipiert, das die Bildverarbeitung und 3D-Rekonstruktion des zu behandelnden biologischen Objektes übernimmt. Durch die Verwendung eines flächenorientierten Simulationssystems ist eine Darstellung der rekonstruierten biologischen Objekte zusammen mit technischen Gebilden wie chirurgischen Instrumenten und der gesamten OP-Einrichtung ohne spezielle Hardware in Echtzeit möglich. Für die Planung einer Operation wurden einerseits Funktionen zur Findung anatomischer Parameter konzipiert, deren Kenntnis die Grundlage für jede Gestaltveränderung liefert. Andererseits wurde durch die Abbildung der Physiologie des betrachteten Objektes eine gezielte Unterstützung des Operateurs bei der Manipulation möglich.

Für den Fall einer Umstellungsosteotomie müssen einmal getrennte Knochensegmente bis zur Heilung mit einem geeigneten Implantat stabilisiert werden. Die automatische Auswahl einer passenden Winkelplatte für die Osteosynthese aus einer Datenbank kommerziell verfügbarer Implantate erfolgt im vorgestellten System rechnergestützt. Dieses berücksichtigt, außer der neuen Gelenkgeometrie, optionale Angaben über das zu suchende Implantat, welche die Auswahl beschränken.

Die Planung der Therapiedurchführung geschieht innerhalb der Simulation anhand des ursprünglichen Modells und der während der Operationsplanung gewonnenen Erkentnisse. Hier legt der Operateur die Funktion und Parametersteuerung der einzusetzenden chirurgischen Instrumente interaktiv fest. Die Lageinformation der Instrumente wird in einem Operationsplan bezüglich eines Patientenreferenzsystems abgelegt, das durch drei präoperativ eingesetzte Marken gebildet wird.

Der Einsatz eines operationsunterstützenden Roboters setzt dessen Programmierung voraus. Für die Korrelation von Patienten- und Robotersystem wird die Lage der Referenzmarken bezüglich eines mit dem Robotersystem in Verbindung stehenden Kalibrierkörpers auf optischem Wege vermessen. Die enge Kopplung der Therapiedurchführung mit dem Simulationssystem erlaubt die Erstellung von optimierten Roboterbewegungen gemäß dem erstellten Operationsplan. Damit können aber auch Fragestellungen zur Anordnung Patient-Roboter im Vorfeld geklärt werden oder die einzelnen Roboterbewegungen vor der eigentlichen Therapiedurchführung vom medizinischen Personal visuell überprüft werden.

Insgesamt steht nun ein mächtiges Softwarepaket zur vollständigen 3D-Planung von chirurgischen Operationen sowie deren roboterunterstützten Umsetzung zur Verfügung. Das vorliegende System wurde zur Prototypenreife entwickelt und dessen planerischer Teil im klinischen Einsatz in der medizinischen Hochschule Hannover erprobt. Das prinzipielle Vorgehen einer roboterunterstützten Therapiedurchführung konnte unter Laborbedingungen verifiziert werden. Die dabei gewonnenen Erfahrungen bilden die Grundlage für die Entwicklung eines für diesen Zweck geeigneten Robotersystems und dessen Instrumentarium.

Das System gewährleistet durch seine Modularität und Standardisierung eine leichte Erweiterung auf andere Teilgebiete der Chirurgie sowie die Portierung auf andere Hardwarekonfigurationen.

Zur weiteren Entwicklung des Systems gehören folgende Punkte:

- Die Erweiterung der Simulationsfunktionen zur Planung weiterer Umstellungsosteotomien. Die Funktionen zur Bestimmung von physiologischen Parametern können auf andere Gelenke (Kniegelenk und Schultergelenk) erweitert werden. Das funktionelle Gelenkmodell könnte dann verallgemeinert werden, um andere Kinematikarten (z.B. Viergelenk beim Kniegelenk) darzustellen.

- Für eine verbesserte Operationsplanung kann zunächst eine Betrachtung der Statik am Gelenk hilfreich sein. So könnte an einem Modell, das die kraftübertragenden Gelenkflächen und die an der

Bewegung beteiligten Muskeln berücksichtigt, die
Auswirkung einer vorzunehmenden Gestaltveränderung des Gelenkes simuliert werden. Mit Hilfe
von Optimierungsalgorithmen, die die Erfahrung
des Arztes berücksichtigen, könnte so vom System ein Operationsvorschlag berechnet werden.

- Die Perfektionierung der Lageerkennungskompo-
nente bis hin zu einem nicht-invasiven echtzeitfä-
higen Sensorsystem könnte die Führung und
Überwachung des Robotersystems ermöglichen.
Statt der Verwendung von künstlichen Referenzmarken könnte die Lage des Knochens aus einer
Folge von Röntgen- bzw. Kamerabildern anhand
dessen natürlichen Merkmalen ermittelt werden.
Durch eine echtzeitfähige Verfolgung würde aber
eine Roboterkalibrierung nicht mehr notwendig
sein, da in diesem Falle die Absolutgenauigkeit
des Roboters eine untergeordnete Rolle spielt.

- Die Kommunikation zwischen übergeordnetem
Rechner und Robotersteuerung sollte dahin-
gehend ausgebaut werden, daß bessere Möglichkeiten der Prozeßüberwachung gewährleistet
werden können. Dies könnte beispielsweise über
eine direkte Ankopplung der Bussysteme beider
Rechner sichergestellt werden. Dies sollte mit der
Entwicklung eines OP-tauglichen Robotersystems
verbunden werden, dessen Anforderungen in
enger Zusammenarbeit mit einem erfahrenen
Roboterhersteller und Ärzten geklärt werden
sollten.

Für die Einführung des gesamten Systems in den klinischen Betrieb sind
folgende denkbare Einsatzarten zu untersuchen. Das operationsunter-
stützende Handhabungsgerät kann in einer ersten Phase (oder nach
Wunsch) bei der Durchführung der Operation als passives Positionier-
system verwendet werden. Hierbei werden lediglich festgelegte Resektionsebenen oder Bohrungen mit einem optischem Instrument (z. B. LA-
SER-Instrument) angezeigt. In einer fortgeschrittenen Phase könnte der
Roboter als Hilfsinstrument verwendet werden. Dazu hält der Roboter

eine Führungsvorrichtung, welche die Einhaltung der Lage der Resektionsebenen oder Bohrungen gewährleistet. Die eigentliche Osteotomie oder Bohrung (durch Vorschub der Säge bzw. des Bohrers) wird dann vom Arzt durchgeführt. Bei der letzten Einsatzart wird der Operateur aktiv unterstützt, indem der Roboter die Osteotomien oder Bohrungen selbst durchführt.

11 Literaturverzeichnis

[Acha91]   Acharya, R.: *Multimodality imaging with PET, MRI and CT.* In: Proc. Computer Assisted Radiology 1991, S. 575-81.

[Alex85]   Alexander, J. ; Kalender, W. ; Linke, G.: *Computertomographie- Bewertungsmerkmale. Gerätetechnik Anwendungen.* Siemens Aktiengesellschaft 1985.

[Allg73]   Allgöwer, M. ; Kinzl, L. ; Matter, P. ; Perren, S. M. ; Rüedi, T.: *The Dynamic Compression Plate (DCP).* Berlin: Springer 1973.

[Beit87]   Beitz, W. ; Küttner K.-H.: *Dubbel, Taschenbuch für den Maschinenbau.* Berlin: Springer 1987.

[Blau86]   Blauth, Walter ; Schuhardt, Ernst: *Orthopädisch-chirurgische Operationen am Knie.* Stuttgart: Thieme 1986.

[Böhl63]   Böhler, L.: *Die Technik der Knochenbruchbehandlung.* Wien: Mandisch 1963.

[Bois88]   Boissonat, J.-D.: *Shape Reconstruction from Planar Cross Sections.* In: Computer Vision, Graphics, and Image Processing 44, (1988).

[Bron87]   Bronstein, I. N. ; Semendjajew, K. A.: *Taschenbuch der Mathematik.* Thun, Frankfurt/Main: Deutsch 1987.

[Buch93]   Buchholz, R. D. ; Ho, H. W. ; Rubin, J. P.: *Variables affecting the accuracy of stereotactic localization using computerized tomography.* In Journal for Neurosurgery, Vol. 79, Issue 5 (Nov. 1993), S. 667 - 673.

[Cema91]   Informationsunterlagen der Fa. CEMAX, Inc. USA, 46750 Fremont Blvd., Suite 201, Fremont, CA 94538.

[Chri78]   Christiansen, H. ; Sederberg, T.: *Conversion of Complex Contour Line Definitions into Polygonal Element Mosaics.* In: Computer Graphics, Vol. 13, Nr. 2, (1978).

[Cinq92]   Cinquin, P., et al.: *IGOR: Image Guided Operating Robot. Methodology, Medical Applications, Results.* In: ITBM (Innovation et Technologie en Biologie et Medicine 1992), Vol. 13, No. 4, S. 374 -393.

[Clau79]   Claudi, B. F.: *Untersuchungen zur Frage der Stabilitätsver-
besserungen von Druckplattenosteosynthesen durch schrä-
ge Plattenzugschraube und Plattenüberbiegung.* Habilitation,
München 1979.

[DeAg92]   De Agostini, A., et al.: *A motion correction algorithm for an
image realignment programme useful for sequential radio-
nuclide renography.* In: European Journal of Nuclear Medicine, July '92, Vol. 19, Nr. 7, S. 476-83.

[Dena55]   Denavit, J. ; Hartenberg, R. S.: *A kinematic notation for
lower pair mechanisms based on matrices.* In: ASME J.
Appl. Mech. 22 (1955), S. 215-221.

[Deve91]   Dever, B.: *OR role seen for 3-D imaging.* In: Radiology To-
day, February 1991 (SLACK Incorporated medical publi-
sher).

[Ekst93]   Ekstrand, K. E. ; Olds, W. W. ; Branch, C. L.: *A simple test
phantom for stereotactic computed tomography.* In: Medical
Physics, Mar.-Apr. 1993, S. 391 - 393.

[Ende92]   Ende, G. ; Treuer, H. ; Boesecke, R.: *Optimization and Evaluation of landmark-based image correlation.* In: Physics in
Medicine and Biology (Januar 1992), Vol. 37, Nr. 1, S. 261-
271.

[Endl84]   Endler, F. ; Fochem, K. ; Weil, U. H.: *Orthopädische
Röntgendiagnostik.* Stuttgart: Georg Thieme 1984.

[EOS93]   Informationsunterlagen der Fa. EOS GmbH (Electro Optical
Systems), Deutschland, Pasinger Straße 2, 82152 Planegg.

[Fadd92]   Fadda, M. ; Martelli, S. ; Dario, P. ; Marcacci, M. ; Visani, A. ;
Zaffagnini, S.: *First Steps towards Robot-Assisted Di-
sectomy and Arthroplasty.* In: ITBM (Innovation et Technologie en Biologie et Medicine 1992), Vol. 13, No. 4, S. 395 -
408.

[Flur92]   Flury, P., et al.: *MINERVA, a Robot dedicated to Neurosurgery Operations.* 23th ISIR, Barcelona, Spanien, Oktober
1992.

[Foul84]   Foulley, L. P. ; Kelley, R. B.: *Improving the Precision of a
Robot.* In: IEEE International Conference on Robotics 1984.

[Fuch77]   Fuchs, H. ; Kedem, Z. M. ; Uselton, S. P.: *Optimal Surface Reconstruction from Planar Contours*. In: Comm. ACM (1977), Vol. 19.

[Fuch86]   Fuchsberger, A.: *Untersuchung der spanenden Bearbeitung von Knochen*. iwb Forschungsberichte. Berlin: Springer 1986.

[Fuch90]   Fuchs, W. A.: *Advances in CT*. Berlin: Springer 1990. (European Scientific User Conference SOMATOM PLUS Zurich, March 1990).

[GMD94]   Informationsunterlagen anläßlich der CeBIT'94 der GMD, Schloß Birlinghoven, 53754 Sankt Augustin.

[Gord89]   Gordon, D. ; Udupa, J.: *Fast Surface Tracking in Three-Dimensional Binary Images*. In: Computer Vision, Graphics and Image Processing (1989), Nr. 45.

[Haro92]   Harolick, R. M. ; Shapiro, L. G.: *Computer and robot vision*. Massachusetts: Addison-Wesley 1992.

[Hear86]   Hearn, D. ; Baker, P.: *Computer Graphics*. London: Prentice Hall International Ltd. 1986.

[Heim93]   Heimsoeth, B.: *Ein Blick hinter die Wirklichkeit*. In: VDI Nachrichten 49 (10-12-1993), S. 21.

[HoJe61]   Hooke, R. ; Jeeves, T. A.: *Direct search solution of numerical and statistical problems*. In JCAM 8 (1961), S. 212 - 229.

[ISG92]   Informationsunterlagen der Fa. ISG Technologies, Inc. Canada, 3030 Orlando Drive, Toronto, Ontario L4V 1S8.

[Jäge92]   Jäger, M. ; Wirth, C. J.: *Lehrbuch der Orthopädie*. München: Thieme 1992.

[Jano91]   Janocha, H. ; Diewald, B.: *Von der Industrieroboter-Kalibrierung zur 3-D-Koordiantenvermessung*. In: VDI-Berichte 921 (1991), Industrieroboter Messen und Prüfen, S. 23 - 32.

[JäWi92]   Jäger, M. ; Wirth, C. J.: *Praxis der Orthopädie*. Berlin: Springer 1992.

[Kärc91]   Kärcher, H. ; Kopp, W.: *Dreidimensionale CT- und Modellplanung kraniofazialer Operationen*. In: Zeitschrift für Stomatologie (1991), Vol. 88, Nr. 4, S. 183 - 204.

[Kärc92]   Kärcher, H.: *Three-dimensional craniofacial surgery: transfer from a three-dimensional model (Endoplan) to clinical surgery: a new technique (Graz)*. In: Journal of Cranio-Maxilo-Facial Surgery (1992), 20, S. 125 - 131.

[Kepp75]   Keppel, E.: *Approximating complex surfaces by triangulation of contour lines*. In: IBM Journal of Research and Development (1975), Vol. 19, Nr. 2.

[Kien93]   Kienzle III, T. C. ; Stulberg, S. D.: *An integrated CAD-robotics system for total knee replacement surgery*. In: Proc. International Conference on Robotics and Automation 1993, S. 889 - 894.

[Kone84]   Konecny, G. , Lehmann, G.: *Photogrammetrie*. Berlin: Walter de Gruyter 1984.

[Krau86]   Kraus, K.: *Photogrammetrie: Grundlagen und Standardverfahren*. Bonn: Dümmlers Verlag 1986.

[Kres80]   Krestel, E.: *Bildgebende Systeme für die medizinische Diagnostik*. Berlin: Siemens-AG 1980.

[Kryb91]   Krybus, W. ; Knepper, A. ; Adams, L. ; Rüger, R. ; Meyer-Ebrecht, D.: *Navigation Support for Surgery by Means of Optical Position Detection*. In: Proc. Computer Assisted Radiology 1991, S. 362 - 366.

[Kwoh 87]   Kwoh, Y. ; Jackhere, E. ; Hayati, S.: *An improved Absolute Positioning Accuracy Robot for Stereotactic Brain Surgery*. In: Proc. Computer Assisted Radiology 1987.

[Lanz72]   Lanz von, P. ; Wachmuth, W.: *Praktische Anatomie I/IV, Bein und Statik*. Berlin: Springer 1972.

[Lava89]   Lavallée, S., et al.: *A new System for Computer Assisted Neurosurgery*. In: Proc. IEEE Engineering in Medicine and Biology Society, 11th Annual International Conference 1989.

[Lava91]   Lavallée, S., Szeliski, R. ; Brunie, L.: *Matching 3-D Smmooth Surfaces with their 2-D Projections using 3-D Distance Maps*. In: Proc. Society of Photo-Optical Instrumentation Engineers (1991), Vol. 1570, S. 322 - 336.

[Lava92]   Lavallée, S., et al.: *Image-guided operating robot: a clinical application in stereotactic neurosurgery.* In: Proc. IEEE Conf. Robotics and Automation 1992, S. 618 - 624.

[Legg91]   Leggett B. W. ; et al.: *A New System for Three-Dimensional Computed Tomography-Correlated Intraoperative Localization.* In: Current Surgery (1991), Vol. 48, No. 10, S. 674 - 678.

[Lenz87]   Lenz, R.: *Linsenfehlerkorrigierte Eichung von Halbleiterkameras mit Standardobjektiven für hochgenaue 3D-Messungen in Echtzeit.* In: Informatik Fachberichte 149 (1987), Proc. 9. DAGM-Symposium.

[Lenz88a]   Lenz, R.: *Zur Genauigkeit der Videometrie mit CCD-Sensoren.* In: Informatik Fachberichte 180 (1988), Proc. 10. DAGM-Symposium.

[Lenz88b]   Lenz, R. , Tsai, R.: *Techniques for Calibration of the Scale Factor and Image Center for High Accuracy 3D Machines Metrology.* In: IEEE Trans. Pattern Analysis and Machine Intelligence (1988), Vol. 10, Nr. 5, S. 713 - 720.

[Lenz89]   Lenz, R.: *Gewinnung von Bilddaten mit CCD-Sensoren in der Videometrie.* In: Symposium Bildverarbeitung - Forschen, Entwickeln, Anwenden - (Esslingen 1989), Artikel 8.

[Lore87]   Lorensen, W. ; Cline, H.: *Marching Cubes: a high Resolution 3D Surface Construction Algorithm.* In: Computer Graphics (July 1987), Vol 21, Nr. 4.

[Lutz88]   Lutz, W. ; Winston, K. R.: *Linear accelerator as a neurosurgical tool for stereotactic radiosurgery.* In: Neurosurgery 22 (1988), Nr. 3, S. 456-464.

[MDC94]   Informationsunterlagen der Fa. MDC (Medical Diagnostic Computing) GmbH, Deutschland, Zeyestraße 16-24, 24106 Kiel.

[Milb92]   Milberg, J. ; Moctezuma, J. L.: *3D-Simulation und Roboter - Hilfsmittel für die Orthopädie?.* Symposion der Orthopädischen Klinik und Poliklinik Rechts der Isar der Technischen Universität München, 11. Dezember 1992.

[Mino92]   Minoshima, S., et al.: *An automated method for rotational correction and centering of three-dimensional functional brain images.* In: Journal of Nuclear Medicine, Vol. 33, Nr. 8, S. 1579-85.

[Moc92]   Moctezuma, J. L. ; Tümmler, H.-P.: *A Simulation System for Planning Femur-Osteotomies Regarding the Actual Physiological Function of the Hip Joint.* In: Proc. Computer Applications to Assist Radiology 1992, S. 627 - 632.

[Müll79]   Müller, M. E.: *Planung einer komplexen intertrochanteren Osteotomie.* In: Zeitschrift für Orthopädie und ihre Grenzgebiete (1979), Band 117, Heft 2, S. 145-150.

[Müll92]   Müller, M. E. ; Allgöwer, M. ; Schneider, R. ; Willenegger.: *Manual der Osteosynthese.* 3. Aufl. Berlin: Springer 1992.

[Mun87]   Mun-Sang, Kim: *Entwicklung eines Parameteridentifikationsverfahrens zur Erhöhung der absoluten Positioniergenauigkeit von Industrierobotern.* München: Hanser 1987.

[MüPr90]   Müller, P. C. ; Pretschner, D. P.: *Präoperative Therapiesimulation in der Hüftgelenkchirurgie.* In: Bildschirm aktuell 1. Hannover: Kassenärtzliche Vereinigung Niedersachsen 1990, S. 4-8.

[Oler71]   Olerud, S. ; Danckwardt-Lilleström, G.: *Fracture Healing in Compression Osteosynthesis.* In: Acta Orthop. Scand. (Suppl.) 1971, S. 137.

[Paul92]   Paul Howard, A., et al.: *Development of a surgical Robot for Cementless Total Hip Arthroplasty.* In: Clinical Orthopaedics and Related Research (Dez. 1992), Nr. 285, S. 57-66.

[Pauw73]   Pauwels, Friedrich: *Atlas zur Biomechanik der gesunden und kranken Hüfte.* Berlin: Springer 1973.

[Perr74]   Perren, S. M. ; Hayes, W. C.: *Biomechanik der Plattenosteosysnthese.* In: Med. Orthop. Tech. (1974), S. 2-56.

[Pfle91]   Pflesser, B. ; Tiede, U. ; Höhne, K. H.: *Volume Based Object Manipulation for Simulation of Hip Joint Motion.* In: Proc. Computer Assisted Radiology 1991, S. 329 - 335.

[Plas86]   Plastock, A. ; Gordon, K.: *Computer Graphics.* New York: McGraw-Hill 1986.

[Plat91]   Platzer, W.: *Atlas der Anatomie*. Band 1: Bewegungsappa-
rat. Stuttgart: Thieme 1991.

[Pras90]   Prasch, J.: *Computerunterstützte Planung von chirurgischen
Eingriffen in der Orthopädie*. iwb Forschungsberichte. Berlin:
Springer 1990.

[Pres87]   Press, W. H. ; Flannery, B. P. ; Teukolsky, S. A. ; Vetterling,
W. T.: *Numerical Recipies: The Art of Scientific Computing*.
Cambridge: Cambridge University Press 1987.

[Rehn81]   Rehn, J. ; Klies, A.: *Die Pathogenese der Pseudarthrose, ihre Diagnostik und Therapie*. In: Unfallheilkunde (1981), S.
85.

[Reic88]   Reichling, B.: *Lasergestützte Positions- und Bahnvermes-
sung von Industrierobotern*. Forschungsberichte aus dem
Institut für Werkzeugmaschinen und Betriebstechnik der
Universität Karlsruhe, 1988.

[Rein91]   Reinhardt H. F. ; Horstmann G. A.: *Computer Aided Surgery
in der Neurochirurgie*. Gesellschaft für Biomedizinische
Technologien in Ulm e. V. Vol. 3 (3. Forumsgespräch am
14/15 November 1991: Prä- und intraoperative Bildverarbeitung und Operationssimulation, computergestütztes Operie-
ren).

[Ropo75]   Ropohl, G.: *Systemtechnik - Grundlagen und Anwendungen*.
München: Hanser 1975.

[Roth87]   Roth, Z. S.: *An Overview of Robot Calibration*. In: IEEE
Journal of Robotics and Automation (1987), Vol. RA-3, Nr. 5

[SARA90]   NN.: *Robotic brain surgery by mid 90's*. In: The Newspaper
of the Institution of Mechanical Engineers (August 1990), Nr.
66.

[Schi91]   Schirmer, W.: *Prüfung geometrischer Parameter an Industrierobotern mit geodätischen Methoden*. In: Industrieroboter Messen und Prüfen. VDI-Berichte 921, Düsseldorf: VDI
1991, S. 129 - 136.

[Schr87]   Schröder, G.: *Technische Optik*. Würzburg: Vogel 1987.

[Schw93]   Schweikard, A. ; Adler J. R. ; *Latombe J.-C.: Motion Planning in Stereotaxic Radiosurgery*. In: Proc. IEEE Inter-

national Conference on Robotics and Automation 1993, S. 909 - 916.

[Seeb91]   Seeboth, Stefan: *Digital durchleuchtet, Bildverarbeitung in der Medizin.* In: c`t (1991), Heft 9.

[SOFC89]   NN.: *Prothèse totales de genou.* In: Cahier SOFCOT 35 (1989), Expansion Scientifique Française, Paris.

[Stet94]   Stetter, Rainer: *Rechnergestützte Simulationswerkzeuge zur Effizienzsteigerung des Industrierobotereinsatzes.* iwb Forschungsberichte. Berlin: Springer, 1994.

[Stev93]   Stevenson, R. L. ; Delp J. E.: *Three-Dimensional Surface reconstruction: Theory and Implementation.* In: Three-Dimensional Object Recongnition Systems (1993), Vol 1. S. 89-113.

[Styt90]   Stytz, M. R. ; Frieder, O.: *Three-Dimensional Medical Imaging Modalities: An Overview.* In: Critical Reviews in Biomedical Engineering (1990), Vol. 18, Issue 1, S. 1-26.

[Styt91]   Stytz, M. R. ; Frieder, O.: *Three-Dimensional Medical Imaging: Algorithms and Computer Systems.* In: ACM Computing Surveys (December 1991), Vol. 23, No. 4, S. 421 - 499.

[Taub90]   Tauber, Alois: *Modellbildung kinematischer Strukturen als Komponente der Montageplanung.* iwb Forschungsberichte. Berlin: Springer, 1990.

[Tied87]   Tiede, U. ; Höhne, K. H. ; Riemer M.: *Comparison of Surface Rendering Techniques for 3-D-Tomographic Objects.* In: Proc. Computer Assisted Radiology 1987, S. 608 - 614.

[Tönn83]   Tönnies, K. ; Jackél, D.: *Automatische dreidimensionale Oberflächenrekonstruktion aus Konturlinien zur Visualisierung von komplexen anatomischen Objekten.* In: Medizinische Informatik und Statistik (1983), Vol. 40.

[Trad91]   Tradt, H. R.: *Stand der Meßtechnik für die Ermittlung der Kenngrößen von Industrierobotern.* In: VDI-Berichte 921 (1991), Industrieroboter Messen und Prüfen, S. 43 - 55.

[Tsai87]   Tsai, R.: *A Versatile Camera Calibration Technique for High Accuracy 3D Machine Vision Metrology Using Off-the-Shelf*

TV Cameras and Lenses. In: IEEE Journal of Robotics and Automation (August 1987), Vol. RA-3, Nr. 4, S. 323 - 344.

[Udup81]   Udupa, Jayaram K.: *Interactive Segmentation and Boundary Surface Fromation for 3-D Digital Images*. In: Computer Graphics and Image Processing (1981), Vol. 18, S. 213 - 235.

[VDI2861]   *VDI-Norm 2861, Blatt 1, 2, 3*. Düsseldorf: VDI 1988.

[Voxe91]   Informationsunterlagen der Fa. Reality Imaging Corporation (Arri Group Company) USA, 6661 Cochran Road, Solon, Ohio 44139.

[Wang94]   Wang, T. ; Fadda, M. ; Marcacci, M. ; Martelli, S. ; Dario, P. ; Visani, A.: *A Robotized Surgeon Assistant*. In: Proceedings of the IEEE/RSJ/GI International Conference on Intelligent Robots and Systems 1994, S. 862 - 869.

[Wata87]   Watanabe E. et al.: *Three-Dimensional Digitizer (Neuronavigator): New Equipment for Computer Tomography-Guided Stereotaxic Surgery*. In: Surg. Neurol. 27 (1987), S. 543 - 547.

[Weng92]   Weng, J. ; Cohen, P. ; Herniou, M.: *Camera Calibration with Distortion; Models and Accuracy Evaluation*. In: IEEE Transactions on Pattern Analysis and Machine Intelligence (Oktober 1992), Vol. 14, Nr. 10, S. 965 - 980.

[Wirt84]   Wirth, N.: *Compilerbau*. Stuttgart: B. G. Teubner 1984.

[Woen92]   Woenckhaus, C.: *Konzeption eines Systems zur automatischen 3D-Layoutoptimierung*. In: Robotersysteme (1992), Nr. 8, S. 239 - 244.

[Woen94]   Woenckhaus, C.: *Rechnergestütztes System zur automatisierten 3D-Layoutoptimierung*. iwb Forschungsberichte. Berlin: Springer 1994.

[Wood92]   Woods, R. P. ; Cherry, S. R. ; Mazziotta, J. C.: *Rapid Automated Algorithm for Aligning and Reclicing PET Images*. In: Journal of Computer Assisted Tomography (Jul-Aug 1992), Vol. 16, Nr. 4, S. 620-33.

[Wrba90]   Wrba, Peter: *Simulation als Werkzeug in der Hanhabetechnik*. iwb Forschungsberichte. Berlin: Springer, 1990.

[Wu93]   Wu, C., et al.: *An Integrated CT-Imaging, CAD-Based System for Orthopaedic Surgery.* In: Proc. IEEE International Conference on Robotics and Automation 1993, S. 895 - 900.

[Zinr90]   Zinreich, J. ; et. al.: *3-D CT improves accuracy of spinal trauma studies.* In: Diagnostic Imaging (June 1990).

iwb Forschungsberichte

Berichte aus dem Institut für Werkzeugmaschinen und Betriebswissenschaften
der Technischen Universität München

Herausgeber: Prof. Dr.-Ing. J. Milberg und Prof. Dr.-Ing. G. Reinhart

12 Reinhart, G.
Flexible Automatisierung der Konstruktion
und Fertigung elektrischer Leitungssätze
1988, 112 Abb. 197 Seiten, ISBN 3-540-19003-1   73,- DM

13 Bürstner, H.
Investitionsentscheidung in der rechnerintegrierten Produktion
1988, 77Abb. 190 Seiten, ISBN 3-540-19099-6   73,- DM

14 Groha, A.
Universelles Zellenrechnerkonzept für flexible Fertigungssysteme
1988, 74 Abb. 153 Seiten, ISBN 3-540-19182-8   73,- DM

15 Riese, K.
Klipsmontage mit Industrierobotern
1988, 92 Abb. 150 Seiten, ISBN 3-540-19183-6   73,- DM

16 Lutz, P.
Leitsysteme für rechnerintegrierte Auftragsabwicklung
1988, 44 Abb. 144 Seiten, ISBN 3-540-19260-3   73,- DM

17 Klippel, C.
Mobiler Roboter im Materialfluß eines flexiblen Fertigungssystems
1988, 86 Abb. 164 Seiten, ISBN 3-540-50468-0   73,- DM

18 Rascher, R.
Experimentelle Untersuchungen zur Technologie der Kugelherstellung
1989, 110 Abb. 200 Seiten, ISBN 3-540-51301-9   73,- DM

19 Heusler, H.-J.
Rechnerunterstützte Planung flexibler Montagesysteme
1989, 43 Abb. 154 Seiten, ISBN 3-540-51723-5   73,- DM

20 Kirchknopf, P.
Ermittlung modaler Parameter aus Übertragungsfrequenzgängen
1989, 57 Abb. 157 Seiten, ISBN 3-540-51724   73,- DM

21 Sauerer, Ch.
Beitrag für ein Zerspanprozeßmodell Metallbandsägen
1990, 89 Abb. 166 Seiten, ISBN 3-540-51868-1   78,- DM

22 Karstedt, K.
Positionsbestimmung von Objekten in der Montage-
und Fertigungsautomatisierung
1990, 92 Abb. 157 Seiten, ISBN 3-540-51879-7   78,- DM

23 Peiker, St.
Entwicklung eines integrierten NC-Planungssystems
1990, 66 Abb. 180 Seiten, ISBN 3-540-51880-0   78,- DM

24 Schugmann, R.
Nachgiebige Werkzeugaufhängungen für die automatische Montage
1990. 71 Abb. 155 Seiren, ISBN 3-540-52138-0   78,- DM

25 Wrba, P
Simulation als Werkzeug in der Handhabungstechnik
1990, 125 Abb., 178 Seiten, ISBN 3-540-52231-X   78,- DM

26 Eibelshäuser, P.
Rechnerunterstützte experimentelle Modalanalyse
mitells gestufter Sinusanregung
1990, 79 Abb., 156 Seiten, ISBN 3-540-52451-7   78,- DM

27 Prasch, J.
Computerunterstützte Planung von chirurgischen Eingriffen
in der Orthopädie
1990, 113 Abb., 164 Seiten, ISBN 3-540-52543-2   78,- DM

28 Teich, K.
Prozeßkommunikation und Rechnerverbund in der Produktion
1990, 52 Abb., 158 Seiten, ISBN 3-540-52764-8   78,- DM

29 Pfrang, W.
Rechnergestützte und graphische Planung manueller
und teilautomatisierter Arbeitsplätze
1990, 59 Abb., 153 Seiten, ISBN 3-540-52829-6   78,- DM

30 Tauber, A.
Modellbildung kinematischer Stukturen
als Komponente der Montageplanung
1990, 93 Abb., 190 Seiten, ISBN 3-540-52911-X   78,- DM

31 Jäger, A.
Systematische Planung komplexer Produktionssysteme
1991, 75 Abb., 148 Seiten, ISBN 3-540-53021-5   78,- DM

32 Hartberger, H.
Wissensbasierte Simulation komplexer Produktionssysteme
1991, 58 Abb., 154 Seiten, ISBN 3-540-53326-5   78,- DM

33 Tuczek H.
Inspektion von Karosseriepreßteilen auf Risse und Einschnürungen
mittels Methoden der Bildverarbeitung
1992, 125 Abb., 179 Seiten, ISBN 3-540-53965-4   88,- DM

34 Fischbacher, J.
Planungsstrategien zur strömungstechnischen Optimierung
von Reinraum-Fertigungsgeräten
1991, 60 Abb., 166 Seiten, ISBN 3-540-54027-X   78,- DM

35 Moser, O.
3D-Echtzeitkollisionsschutz für Drehmaschinen
1991, 66 Abb., 177 Seiten, ISBN 3-540-54076-8   78,- DM

36 Naber, H.
Aufbau und Einsatz eines mobilen Roboters mit
unabhängiger Lokomotions- und Manipulationskomponente
1991, 85 Abb., 139 Seiten, ISBN 3-540-54216-7   78,- DM

37 Kupec, Th.
Wissensbasiertes Leitsystem zur Steuerung flexibler Fertigungsanlagen
1991, 68 Abb., 150 Seiten, ISBN 3-540-54260-4   78,- DM

38 Maulhardt, U.
Dynamisches Verhalten von Kreissägen
1991, 109 Abb., 159 Seiten, ISBN 3-540-54365-1   78,- DM

39 Götz, R.
Stukturierte Planung flexibel automatisierter Montagesysteme
für flächige Bauteile
1991, 86 Abb., 201 Seiten, ISBN 3-540-54401-1   78,- DM

40 Koepfer, Th.
3D- grafisch-interaktive Arbeitsplanung – ein Ansatz
zur Aufhebung der Arbeitsteilung
1991, 74 Abb., 126 Seiten, ISBN 3-540-54436-4   78,- DM

41 Schmidt, M.
Konzeption und Einsatzplanung flexibel automatisierter
Montagesysteme
1992, 108 Abb., 168 Seiten, ISBN 3-540-55025-9   88,- DM

42 Burger, C.
Produktionsregelung mit entscheidungsunterstützenden
Informationssystemen
1992, 94 Abb., 186 Seiten, ISBN 5-540- 55187-5   88,- DM

43 Hoßmann, J.
Methodik zur Planung der automatischen Montage von nicht
formstabilen Bauteilen
1992, 73 Abb., 168 Seiten, ISBN 3-540-5520-0   88,- DM

44 Petry, M.
Systematik zur Entwicklung eines modularen Programm-
baukastens für robotergeführte Klebeprozesse
1992, 106 Abb., 139 Seiten ISBN 3-540-55374-6   88,- DM

45 Schönecker, W.
Integrierte Diagnose in Produktionszellen
1992, 87 Abb., 159 Seiten, ISBN 3-540-55375-4   88,- DM

46 Bick, W.
Systematische Planung hybrider Montagesyste unter
Berücksichtigung der Ermittlung des optimalen Automatisierungsgrades
1992, 70 Abb., 156 Seiten ISBN 3-540-55377-0   88,- DM

47 Gebauer, L.
Prozeßuntersuchungen zur automatisierten Montage
von optischen Linsen
1992, 84 Abb., 150 Seiten, ISBN 3-540- 55378-9   88,- DM

48 Schrüfer, N.
Erstellung eines 3D–Simulationssystems zur Reduzierung
von Rüstzeiten bei der NC–Bearbeitung
1992, 103 Abb., 161 Seiten, ISBN 3-540-55431-9   88,- DM

49 Wisbacher, J.
Methoden zur rationellen Automatisierung der Montage
von Schnellbefestigungselementen
1992, 77 Abb., 176 Seiten, ISBN 3-540-55512-9   88,- DM

50 Garnich. F.
Laserbearbeitung mit Robotern
1992, 110 Abb., 184 Seiten, ISBN 3-540- 55513-7   88,- DM

51 **Eubert, P.**
Digitale Zustandsregelung elektrischer Vorschubantriebe
1992, 89 Abb., 159 Seiten, ISBN 3-540-44441-2   88,- DM

52 **Glaas, W.**
Rechnerintegrierte Kabelsatzfertigung
1992, 67 Abb., 140 Seiten, ISBN 3-540-55749-0   88,- DM

53 **Helml, H.J.**
Ein Verfahren zur on-line Fehlererkennung und Diagnose
1992, 60 Abb., 153 Seiten, ISBN 3-540-55750-4   88,- DM

54 **Lang, Ch.**
Wissensbasierte Unterstützung der Verfügbarkeitsplanung
1992, 75 Abb., 150 Seiten, ISBN 3-540-55751-2   88,- DM

55 **Schuster, G.**
Rechnergestütztes Planungssystem für die flexibel
automatisierte Montage
1992, 67 Abb., 135 Seiten, ISBN 3-540-55830-6   88,- DM

56 **Bomm, H.**
Ein Ziel- und Kennzahlensystem zum Investitionscontrolling
komplexer Produktionssysteme
1992, 87 Abb., 195 Seiten, ISBN 3-540-55964-7   88,- DM

57 **Wendt, A.**
Qualitätssicherung in flexibel automatisierten Montagesystemen
1992, 74 Abb., 179 Seiten, ISBN 3-540-56044-0   88,- DM

58 **Hansmaier, H.**
Rechnergestütztes Verfahren zur Geräuschminderung
1993, 67 Abb., 156 Seiten, ISBN 3-540-56043-2   88,- DM

59 **Dilling, U.**
Planung von Fertigungssystemen unterstützt
durch Wirtschaftlichkeitssimulation
1993, 72 Abb., 146 Seiten, ISBN 3-540-56307-5   88,- DM

60 **Strohmayr, R.**
Rechnergestützte Auswahl und Konfiguration
von Zubringeeinrichtungen
1993, 80 Abb., 152 Seiten, ISBN 3-540-56652-X   88,- DM

61 **Glas, J.**
Standardisierter Aufbau anwendungsspezifischer
Zellenrechnersoftware
1993, 80 Abb., 145 Seiten, ISBN 3-540-56890-5   88,- DM

62 **Stetter, R.**
Rechnergestützte Simulationswerkzeuge zur
Effizienzsteigerung des Industrieroboteretinsatzes
1994, 91 Abb., 146 Seiten, ISBN 3-540-568891   88,- DM

63 **Dirndorfer, A.**
Robotersysteme zur förderbandsynchronen Montage
1993, 76 Abb, 144 Seiten, ISBN 3-540-57031-4   88,- DM

64 **Wiedemann, M.**
Simulation des Schwingungsverhaltens spanender Werkzeugmaschinen
1993, 81 Abb., 137 Seiten, ISBN 3-540-57177-9   88,- DM

79 Zäh, M. F.
Dynamisches Prozeßmodell Kreissägen
1995, 95 Abb., 186 Seiten, ISBN 3-540-58624-5   88,- DM

80 Zwanzer, N.
Technologisches Prozeßmodell für die Kugelschleifbearbeitung
1995, 65 Abb., 150 Seiten, ISBN 3-540-58634-2   88,- DM

81 Romanow, P.
Konstruktionsbegleitende Kalkulation von Werkzeugmaschinen
1995, 66 Abb., 151 Seiten, ISBN 3-540-58771-3   88,- DM

82 Kahlenberg, R.
Integrierte Qualitätssicherung in flexiblen Fertigungszellen
1995, 71 Abb., 136 Seiten, ISBN 3-540-58772-1   88,- DM

83 Huber, A.
Arbeitsfolgenplannung mehrstufiger Prozesse in der Hartbearbeitung
1995, 87 Abb., 152 Seiten, ISBN 3-540-58773-X   88,- DM

84 Birkel, G.
Aufwandsminimierter Wissenserwerb für die Diagnose
in flexiblen Produktionszellen
1995, 64 Abb., 137 Seiten, ISBN 3-540-58869-8   88,- DM

85 Simon, D.
Fertigungsregelung durch zielgrößenorientierte Planung und
logistisches Störungsmanagment
1995, 77 Abb., 132 Seiten, ISBN 3-540-58942-2   88,- DM

86 Nedeljkovic-Groha, V.
Systematische Planung anwendungsspezifischer Materialflußsteuerungen
1995, 94 Abb., 188 Seiten, ISBN 3-540-58953-8   88,- DM

87 Rockland, M.
Flexibilisierung der automatischen Teilebereitstellung in Montageanlagen
1995, 83 Abb., 151 Seiten, ISBN 3-540-58999-6   88,- DM

88 Linner, St.
Konzept einer integrierten Produktentwicklung
1995, 67 Abb., 168 Seiten, ISBN 3-540-59016-1   88,- DM

89 Eder, Th.
Integrierte Planung von Informationssystemen für rechnergestützte
Produktionssysteme
1995, 62 Abb., 150 Seiten, ISBN 3-540-59084-6   88,- DM

90 Deutschle, U.
Prozeßorientierte Organisation der Auftragsentwicklung in mittelständischen
Unternehmen
1995, 80 Abb., !88 Seiten, ISBN 3-540-59337-3   88,- DM

91 Dieterle, A.
Recyclingintegrierte Produktentwicklung
1995, 68 Abb., 146 Seiten, ISBN 3-540-60120-1   88,- DM

92 Hechl, Ch.
Personalorientierte Montageplanung für komplexe
und variantenreich Produkte
1995, 73 Abb., 150 Seiten, ISBN 3-540-60325-5   88,- DM

93 Albertz, F.
Dynamikgerechter Entwurf von Werkzeugmaschinen -
Gestellstukturen
1995, 83 Abb., 156 Seiten, ISBN 3-540-60606-8   88,- DM

94 Trunzer, W.
Strategien zur On-Line Bahnplanung bei Robotern
mit 3D-Konturfolgesensoren
1996, 101 Abb., 164 Seiten, ISBN 3-540-60961-X   88,- DM

95 Fichtmüller, N.
Rationalisierung durch flexible, hybride Montagesysteme
1996, 83 Abb., 145 Seiten, ISBN 3-540-60960-1   88,- DM

96 Trucks, V.
Rechnergestütze Beurteilung von Getriebestrukturen
in Werkzeugmaschinen
1996, 64 Abb., 141 Seiten, ISBN 3-540-60599-8   88,- DM

97 Schäffer, G.
Systematische Integration adaptiver Produktionssysteme
1996, 71 Abb., 170 Seiten, ISBN 3-540-60958-X   88,- DM

98 Koch, M. R.
Autonome Fertigungszellen - Gestaltung, Steuerung und
integrierte Störungsbehandlung
1996, 67 Abb., 138 Seiten, ISBN 3-540-61104-5   88,- DM

99 Moctezuma de la Barrera, J. L.
Ein durchgängiges System zur computer- und
robotreunterstützten Chirurgie
1996, 99 Abb., 175 Seiten, ISBN 3-540-61145-2   88,- DM

Die Bände sind im Erscheinungsjahr und in den folgenden drei Kalenderjahren
zu beziehen durch den örtlichen Buchhandel
oder durch Lange & Springer, Otto-Suhr-Allee 26-28, 10585 Berlin